JN015591

基礎からの
IT担当者リテラシー

周辺機器からネットワークとセキュリティ、システム導入まで
社内のIT管理に必要な基礎知識

吉田 航・横山健太【著】
Wataru Yoshida　Kenta Yokoyama
増井敏克【監修】
Toshikatsu Masui

技術評論社

●免責

・記載内容について

本書に記載された内容は、情報の提供だけを目的としています。したがって、本書を用いた運用は、必ずお客様自身の責任と判断によって行ってください。これらの情報の運用の結果について、技術評論社および著者はいかなる責任も負いません。

本書に記載がない限り、2020年10月現在の情報ですので、ご利用時には変更されている場合もあります。以上の注意事項をご承諾いただいた上で、本書をご利用願います。これらの注意事項をお読みいただかずにお問い合わせいただいても、技術評論社および著者は対処しかねます。あらかじめ、ご承知おきください。

・商標、登録商標について

本書に登場する製品名などは、一般に各社の登録商標または商標です。なお、本文中に™、®などのマークは省略しているものもあります。

はじめに

「IT担当者」という言葉を聞いて、みなさんはどのような人をイメージするでしょうか。

・パソコンに詳しい人
・社内のシステムを管理する人
・システムを開発する人

さまざまな人を連想するかもしれませんが、どれも間違いではありません。実際に、IT担当者としての仕事は多岐にわたり、会社によっても定義はバラバラです。大企業では「情報システム部門（情シス）」や「社内SE」であったり、ベンチャー企業などでは「コーポレートエンジニア」といった職種名で括られたりもします。しかし本書ではあえてそれらの言葉を用いず、「IT担当者」と表現することにしました。

まだIT部門を設けるほどの会社規模でもなく、エンジニアとして名乗るほどの専門知識もない状況でも、ある日突然、社長や上司から「社内のITの面倒を見てほしい」と依頼されて困っているような方が、この国にはたくさんいるはずです。

中小企業庁が作成した「2019年度版 中小企業白書」※1によると、日本には400万社以上もの会社があり、そのうち約99%が中小企業に該当し、約7割の人間が中小企業に従事しています。一方でITの重要度は高まり続け、中小企業においてもITの導入・活用・管理は喫緊の課題となってきています。今どき、「パソコンもメールも一切使わずに仕事をしている」といった会社はほぼ存在しないでしょう。中小企業では潤沢な資金もないため専任のIT担当者の雇用や外注が困難で、ITの専門知識を持たない従業員にIT担当を任せるケースも少なくありません。

※1　https://www.chusho.meti.go.jp/pamflet/hakusyo/2019/PDF/chusho/00Hakusyo_zentai.pdf

IT担当者を任されたものの、いったい何から学べばいいのか。

　このように右も左もわからずに困っている方々の助けになるような本を作りたい。そういった思いから本書を執筆しました。本書を片手に、IT担当者としての一歩を踏み出していただければ幸いです。

対象読者

　本書は、エンジニアとしての業務経験やITに深い知識を持つ方ではなく、「会社の規模が大きくなりはじめて社内にIT担当者を置く必要性が高まり、それを任された零細〜中小企業のIT未経験の従業員」や「会社を起ち上げ、従業員も少しずつ増えてIT環境の管理が必要になってきたが、具体的にどのようなことをすればいいかわからない経営者」を対象としています。

「パソコンはどのような観点で選定すればいいのだろうか。」
「社内のネットワークやサーバーはどのように管理すればいいのか。」
「システムの導入はどのように検討すればいいのかわからない。」

　といった悩みを持ったことはないでしょうか。

　パソコン選定やネットワーク整備、システム導入などの経験を一切持たない方が、IT担当者として業務を行っていく上で必要最低限となる要素を本書では紹介します。「どのようなキーワードで物事を調べ、学んでいけばいいのか」という足掛かりとなる一冊になることを目的としています。

本書の構成

　冒頭でも述べた通り、IT担当者の業務は多岐にわたります。

　本書では、パソコンやネットワーク、セキュリティなど、社内IT管理に最低限必要となる基礎知識について広く簡潔に解説しています。第1章では「パソコンと周辺機器を用意する」として、パソコンと周辺機器の基本を紹介します。第2章では「社内インフラを整備する」として、ネットワークとサーバーについて解説します。第3章では「セキュリティを強化する」として、セキュリティ対策について紹介します。第4章の「業務システムを導入する」と第5章の「システム開発を外部の業者に委託する」では、業務システムの導入開発の形態や流れについて解説します。

それぞれの章のテーマごとに本が1冊書けるほど、ITは専門性の高い知識が必要な分野ではありますが、本書ではそれらの基礎知識について解説します。参考となる書籍も要所要所で紹介していますので、さらに深い知識が必要になったり、ご自身の興味が湧いた場合は、ぜひそれらも参照して深堀りしてみてください。

なお、本書は初心者の方でも理解しやすいように噛み砕いた表現で解説しているため、各専門用語の厳密な定義とは異なる場合もあることをご了承ください。本書の内容は執筆時点（2020年10月）のものであり、今後の技術やトレンドの変化などにより情報として古くなる可能性があります。

目次 contents

第1章 パソコンと周辺機器を用意する

1.1 パソコンの調達

パソコンも職種によって使い分け

パソコンは今や必需品となっており、従業員に一人一台のパソコンが貸与される会社も珍しくありません。パソコンの性能によって業務効率やコストも大きく変わってくるので、どのような観点でパソコンの選定をすればいいか学んでいきましょう。

デスクトップパソコンとノートパソコン

パソコンには主にデスクトップパソコンとノートパソコンの2種類があります。

▶デスクトップパソコン

据え置き型のパソコンです。デスクトップパソコン単体では利用できず、ディスプレイ・キーボード・マウスを別途用意して利用します。同等のスペック（CPU、メモリなどの処理性能）のノートパソコンと比較すると、比較的安価に購入できます。

デザインやCAD(Computer-Aided Design）などグラフィック関係や、負荷の大きいプログラムを実行するような開発関係など、ハイスペックのパソコンが必要となる業務ではデスクトップパソコンを選定することがあります。

▶ノートパソコン

ディスプレイ、キーボード、マウス（トラックパッド）が一体となったパソコンです。ラップトップとも呼ばれます。バッテリーで稼働できるため、各自のデスクで使用するだけでなく、会議室などに持ち運んで使用できます。オフィスから持ち出して社外や自宅でも使えるため、リモートワークとも相性が良いです。デスクトップパソコンに比べると拡張性に乏しく、接続端子の種類が限られるため、購入時の事前確認が重要です。

図 デスクトップパソコン（左）とノートパソコン（右）

パソコンの選定と調達

パソコンとひとくくりに言っても、個人向けモデルや法人向けモデルなどさまざまな種類があり、性能も価格もピンからキリまであります。高性能なパソコンを用意すれば業務効率も上がりますが、その分コストは上がります。処理性能をそこまで必要としない職種の方にハイスペックなパソコンを貸与しても過剰投資となるので、業務上で必要となる最小限のパソコンを選定し、コストを抑えるのが理想です。

また、購入するパソコンの機種やスペックがバラバラになると、以下のような問題が発生します。

- 退職者のPCを新入社員に転用したくてもスペックがバラバラで流動性が低い
- 電源ケーブルの端子が機種により異なり、他のもので代替できない
- 接続端子がバラバラなため、ディスプレイ接続用のアダプタが複数種類必要になる
- モデルにより納期がバラバラで調達が安定しない

職種ごとに標準の機種を決めておくなど、使用する機種はなるべく絞っ

ておくといいでしょう。

表 職種ごとのパソコン選定の例※1

職種	パソコン種別	選定ポイント
営業	Windows ノートパソコン	持ち出しが多いため、軽量・小型なモデルを選定
CADオペレーター	Windowsデスクトップ	ハイスペックを求められるためデスクトップを選定
エンジニア	MacBookPro	開発環境の構築が容易かつハイスペックなMacを選定
デザイナー	iMac	鮮明な大画面液晶、大容量のディスクが必要なためiMacを選定

パソコンの調達方法については、「家電量販店で購入する」「各メーカーの法人向けサイトから購入する」などの方法がありますが、家電量販店で

※1 Windows と Mac の違いについては、「1.4 OS」の節で解説します。

は個人向けのモデルが多く、インストールされているOSのエディションが個人向けの場合があるので注意が必要です（OSについては「1.4 OS」で詳しく説明します）。各メーカーの法人向けサイトではカスタマイズオーダーにも対応し、購入前に営業担当にスペックの相談や見積依頼も可能なので、法人向けのサービスで調達することを推奨します。

また、購入するパソコンの台数が増えてきて初期費用が膨らんでしまう場合は、レンタルやリースで調達する方法もあります。単価が一定額を超える場合は固定資産としての管理が必要になる場合もあるので、どのような調達方法が好ましいか経理担当や経営陣に相談して判断しましょう。

パソコンの管理

購入したパソコンは、開梱して利用者に渡す前に、Excelなどで管理台帳を作成し、「シリアル番号」「モデル」「購入日」「管理番号（任意の連番）」などの情報を記入しておきます。パソコンには管理台帳に対応する管理番号のシールを裏面に貼っておくなどの管理をしておきましょう。特にシリアル番号と購入日は、故障時の修理対応の際に必要な情報となります（一般的に、購入から1年以内の故障については無償修理対応の範囲内となることが多いです）。

パソコンの外見からはスペックや購入日はわからないので、パソコンの買い替え時期の検討や在庫の管理などのためにも、管理台帳に情報を集約しておくことを推奨します。

パソコンの初期設定

パソコンを利用者に渡す前に、OSやアプリケーションなどの初期設定を行っておきましょう。例えば、以下のような設定が考えられます。

- コンピューター名（パソコンの管理番号と一致させておくと便利）
- 利用者のアカウント作成（同一のユーザー名、パスワードにしない）

・ネットワークやセキュリティなどの設定
・パソコンにあらかじめインストールされているウイルス対策ソフトなどの不要なアプリケーションのアンインストール

配属部署によっては個別に必要となるアプリケーションもあるので、事前にインストールしておいた方が親切でしょう。

不要なアプリケーションが動作していると、パソコンの処理が重くなったり他のアプリケーションと動作が競合して不具合が出たりすることがあります。特に全社的なウイルス対策ソフトを別途用意している場合は、パソコン出荷時にあらかじめインストールされているウイルス対策アプリケーションは不要なのでアンインストールしておきましょう。

▶パソコンのカスタマイズ

来月入社する方が、『パソコンはCPUとメモリを最上級のものにしてほしい』と言ってるみたいですが、どうしましょう。

業務上必要であれば仕方ないけれど、標準構成からカスタマイズすると納期が大幅に遅れることもあるので、納期の確認が必要だね。

そうですね。特に海外の工場で生産している場合は、海外情勢によって数ヶ月納期がかかることもありましたね。

グレードアップする場合は当然金額も上がるので、コスト面でも問題がないか確認しておいた方が良さそうだね。個別にカスタマイズに応じるのか、あるいは標準モデルを決めておいて金額や納期を安定させるのか、会社としての方針を決めておいた方がいいかもしれない。

わかりました！部長との会議をセッティングしておきます。

1.2 CPU

パソコンを選定するには、具体的にどのような箇所に着目すればいいか知る必要があります。
パソコンの処理速度は主にCPUによって決まります。まずはCPUのしくみについて学んでいきましょう。

CPUの役割

パソコン内の処理（演算）をつかさどるパーツを**CPU（Central Processing Unit）**と呼びます。どのようなパソコンにもCPUが搭載されており、いわば人間における脳と似たはたらきをします。CPUの性能が高ければ高いほど、処理速度が向上します。代表的なCPUのメーカーとして、IntelやAMDなどがあります。

周波数とコア

CPUの性能を決める主な要素が、**周波数**と**コア**です。

▶周波数

厳密には「クロック周波数」と呼ばれ、Hz（ヘルツ）という単位で性能を表現します。よくCPUのスペックに「1.8GHz」などの表記がありますが、「G」は「ギガ」を表しています。

桁が大きな数字は、以下の表のような単位を用いて表現します。CPUの性能以外にもよく使われるので覚えておきましょう。

表 桁が大きな数字の表し方

単位	読み方	量	補足
K	キロ	1,000	10の3乗
M	メガ	1,000,000	10の6乗、1M=1,000K
G	ギガ	1,000,000,000	10の9乗、1G=1,000M
T	テラ	1,000,000,000,000	10の12乗、1T=1,000G
P	ペタ	1,000,000,000,000,000	10の15乗、1P=1,000T

CPUの中では、処理の歩調を合わせるためにメトロノームのように電圧の強弱が一定間隔で流れています。電圧が高いときにのみ処理が進みます。周波数は「単位時間あたりの振動数」を表すため、クロック周波数が高くなると、以下の図のように電圧が高くなる頻度が上がり処理が高速になります。

図 クロック信号の例

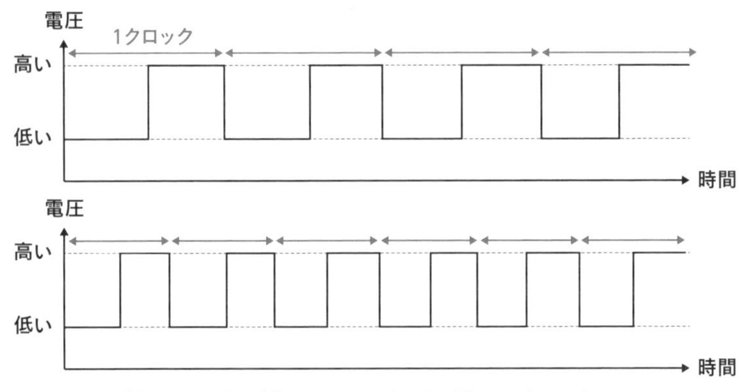

▶コア

CPUの中で実際に演算処理を行う回路をコアと呼びます。コアはクロック周波数に合わせ、クロック信号の電圧が高くなったときに処理を進めます。昔は1つのCPUのなかにコアは1つしか存在しませんでした。処理を並列化して高速に実行するために、1つのCPUに複数のコアを搭載するマルチコアと呼ばれる技術が開発されました。コアが2つの場合はデュアルコア、4つの場合はクアッドコアと呼ばれます。CPUの周波数が低くても、コア数が多い場合は逆に処理が速くなるケースもあります。

コア数はCPUのモデルにより決まっているので、コア数を確認したい場合はCPUのモデル名で検索して調べてみましょう。

このように、「CPUの処理速度は、周波数が高くコア数が多いほど速くなる」というのが原則ではありますが、クロック周波数とマルチコア以外にもさまざまな技術や要素がCPUには関わってくるため、同じ周波数・コア数でもモデルによっては性能が変わってくる場合があります。実際の処理速度については、各メーカーや利用者がベンチマークテスト（実際の性能を示すために、ツールを使用して定量的な数字を出すテスト）の結果をWebで公開している場合もあります。選定候補のパソコンのそれぞれのCPUに

ついて、ベンチマークテストの結果を比較するのもいいでしょう。

また、一般的にCPUの処理速度が高いほど消費電力と発熱が激しくなるため、省電力性能と省スペースが求められるノートパソコンでは、デスクトップパソコンほど高性能なCPUを搭載できないことが多いです。

コラム ファンについて

CPUと密接な関係のパーツとして、「ファン」があります。CPUは処理を高速に行えば行うほど熱を持つため、それを外部に放出するためにファンが必要となります。パソコンを使っていてCPU使用率が上がり動作が重くなってきたときに、ファンがより高速に回りはじめるのはそのためです。

ファンの種類はパソコンのモデルにより決まっておりカスタマイズは困難ですが、一般的にノートパソコンよりもデスクトップパソコンの方がファンが大きく冷却効率が高いです。

1.3 メモリとディスク

パソコン内にデータを保存する領域にはメモリとディスクの2種類があります。CPUと同様にパソコンの性能に大きく影響しますので、それぞれの特徴を理解しておきましょう。

メモリの役割

パソコンにおける**メモリ**は、厳密には**RAM（Random Access Memory）**と呼ばれます。メモリは揮発性の記憶領域のため、パソコンを再起動するとそこに保存されていたデータは消えてしまいます。メモリは、パソコンにおける一時的な作業領域として使用されます。

パソコンによっては、購入したメモリを自力で増設することも可能ですが、Macなど解体が難しいパソコンの場合の増設は困難なため、購入時にメモリのサイズを慎重に検討しておく必要があります。一般的な業務用途のパソコンであれば最低でも8GB、エンジニアなどハイスペックが求められるパソコンでは最低でも16GBのメモリを搭載しておきましょう。

ディスクの役割

ディスクはパソコンの中に組み込まれた不揮発性の記憶領域を指します（ストレージと呼ぶこともあります）。メモリと異なり再起動をしても中のデータは消去されないため、OSやアプリケーション、利用者が作成した電子ファイルなどはすべてディスク上に保存されます。

ディスクは「メモリに比べて容量は大きいが、データの出し入れが低速」

という特徴があります。そのため、メモリはCPUが処理するときの一時領域として、ディスクは利用者がデータを保管するときの永続的な領域として利用されます。

メモリが少なすぎて処理用のデータを格納しきれない場合、一時的にメモリの内容をディスクに退避してメモリ容量を確保する場合があります。そのため、メモリの容量が少ないとディスクアクセスが発生して処理速度が低下してしまいます。

メモリは「作業用の机」、ディスクは「データを保存しておく書庫」とよく例えられます。作業用の机が広ければ広いほど、必要な情報を手の届く範囲に保存できるので仕事の効率が上がりますが、そこに収まらない情報は書庫まで取りに行く必要があるため効率が下がります。

図 CPU・メモリ・ディスクの役割

ディスクの種類

ディスクは**HDD（Hard Disk Drive）**と**SSD（Solid State Drive）**の2種類が主流です。それぞれの特徴は以下の表の通りです。

表 HDDとSSDの比較

	価格	容量	読み書き速度	サイズ	耐衝撃性
HDD	安い	大きい	遅い	大きい	低い
SSD	高い	小さい	速い	小さい	高い

HDDは、中にデータを記録するための磁気ディスクが入っており、回転している磁気ディスクに磁気ヘッダがアクセスし、記録されたデータの読み書きを行います。アナログレコードやCDと同じようなしくみだと思ってください。磁気ディスクに記録できる容量は大きく、10TBもの容量を持つHDDも珍しくありませんが、構造上小型化が難しく、衝撃に弱いため物理的な故障が起きやすいという特徴があります。

SSDは、「再起動してもデータが消えないメモリのようなもの」とイメージしてください。電気信号のみでデータの読み書きができるため、磁気ディスクと磁気ヘッダの動きが必要なHDDに比べ、読み書きの速度が圧倒的に速いという特徴があります。また、構造もメモリとほぼ同様のため、小型で静音かつ衝撃にも強く、ノートパソコンやタブレットなどモバイル用途のデバイスに適しています。HDDに比べると保存できる容量が小さく、容量あたりの単価は高いですが、近年はその差も埋まりつつあります。

HDDとSSDでは読み書き速度に大きな差があるため、少し値段は高くなるかもしれませんが、SSDを搭載したパソコンを選定した方が業務効率もあがり、故障も少なくて済むでしょう。

コラム どうしてメモリやストレージの容量は倍々なのか

パソコンの選定をしていて、メモリの容量が4GBの次が8GBだったり、ディスクの容量が256GBの次が512GBだったり、どうして倍々になるのか気になったことはないでしょうか。コンピューターの内部では、「電圧が高い/低い」「磁気がある/ない」など、すべて「1か0」として判断し、bitという最小単位で表現します。

1bitの場合は[1,0]の2通り、2bitの場合は[11,10,01,00]の4通り、3bitの場合は[111,110,101,100,011,010,001,000]の8通りと、2進数（2の累乗）でパターンが増えていきます。そのため保存できる容量が倍々に増えていきます。

カタログによっては「500GB」「1000GB」と2の累乗ではない数字が表示されていることもありますが、これも厳密な容量は「512GB」「1024GB」で、人間にわかりやすいように端数が処理されているためです（大文字のBはByteの略で、1Byte＝8bitを表します）。

1.4 OS

パソコンを使うためには、OSと呼ばれる基本ソフトウェアが必須です。代表的なOSについて把握しておきましょう。

OSとは

パソコンはCPUやディスクなどの各パーツ（ハードウェアとも呼びます）だけでは使えず、**OS（Operating System）** と呼ばれる基本ソフトウェアをインストールする必要があります。OSは、各ハードウェアをとりまとめて、人間にわかりやすく情報を表示し、操作するためのインターフェースを提供します。

OSの種類

代表的なパソコン用のOSを紹介します。

▶Windows

Microsoftが開発した、世界的にシェアの高いOSです。

Windows XP、Vista、7、8など、数年おきに新しいOSがリリースされており、現在はWindows 10が最新です。

個人向けに販売されているパソコンにあらかじめインストールされていることが多いため、使い慣れている利用者も多く、操作の習熟に時間がかかることが少ないOSと言えます。

また、WindowsにはWindows Serverと呼ばれるサーバー用OSのラインナップも存在します（サーバーについては2章で解説します）。

Windows OSにはエディションと呼ばれる区分があり、OSの用途により価格や機能が分けられています。たとえば、Windows 10にはHomeという個人向けのエディションとProという法人向けのエディションがあり、Proの方が高価ですが機能は豊富です。Windows 10の場合はOSインストール後でもライセンスを購入すればエディションをアップグレードできますが、購入前にエディションの比較表を見てどのエディションが必要か検討しておきましょう。

Windows OSは任意の機器にインストールできるので、好きなパーツを選んで組み立てた自作パソコンにもインストール可能です。ただし既製品として販売されているWindowsパソコンのようにWindows OSのライセンスは含まれていないので、個別にライセンス（「1.5 アプリケーション」で解説します）を購入する必要があります。

▶macOS

Appleが開発したMacintosh(通称Mac）用のOSです。

Macシリーズのパソコンにはmac0Sが搭載されており、Mac以外のパソコンにmacOSをインストールすることは基本的にはできません。

Windowsと同様に、数年おきに新しいOSがリリースされており、Macを購入すると販売時点で最新のmacOSがインストールされています。

AppleはハードウェアもOSも自社で開発しており、ハードウェアとOSの親和性が高いという特徴があります（Macintoshのコンピューターとmac0SのどちらもMacと呼ばれることがあります）。そのため、Windowsのようにさまざまなメーカーのパーツを組み合わせてオリジナルのパソコンを自作し、macOSをインストールして使うことはできません。

同等の性能を持つWindowsパソコンに比べると高価ですが、標準である程度の開発機能が備わっており、画面や文字の描画も鮮明なため、エンジニアやデザイナに好まれる傾向にあります。

▶Linux

OSS(Open Source Software) として開発されているOSの一種です。

OSSとは、企業が営利目的で開発・販売しているソフトウェアではなく、ソースコード（プログラム）が公開されており、有志により開発・修正が行われているソフトウェアです。OSSにもライセンスの概念があり、「個人利用の場合は無償だが、商用サービスに利用する場合は有償」など、用途によって扱いが変わる場合もあります。

Linuxにはディストリビューションと呼ばれる派生OSがあり、有償・無償のライセンスの基準や開発方針もそれぞれ異なっています。サーバー用のOSとして利用されることが多い有償のRed Hat Enterprise Linuxや、無償のCentOS、無償のパソコン用OSであるUbuntuなどの種類があります。

LinuxもWindowsと同様に、任意の機器にインストールして使用できます。

コラム Chrome OS

今回紹介したOS以外にも、Googleが開発したChrome OSというOSがあります。

Chrome OSはLinuxをベースに開発され、OSの機能は極力削ぎ落とされており、利用者からはWebブラウザであるGoogle Chromeのみが動いているように見えます。

Chrome OSはOS機能をほぼ持たないため、CPUやメモリの性能が低くても比較的動作が快適で、マルウェア（3章で解説）に感染するリスクもほぼありません。一方、アプリケーションはAndroid用アプリのみがインストール可能でそれ以外のものはインストールできず、WindowsやmacOSに比べると汎用性は下がります。

Chrome OSはChromebookやChromeboxなどのGoogle OSに特化したデバイスに搭載されています。Webブラウザのみで完結する業務であれば、安価でセキュリティも高いChrome OSを搭載したデバイスも選択肢として検討してみてはいかがでしょうか。

OSの更新

OSもソフトウェアですので、不具合や機能追加が随時発生します。その度にOSの再インストールをするわけにもいかないので、各OSには更新プログラム（パッチとも呼ばれます）を適用するための機能が備わっています。Windowsの場合はWindows Update、macOSの場合はソフトウェア・アップデートと呼ばれます。各OSにはメーカーのサポート終了日が定められており、その日を過ぎると更新プログラムは提供されなくなります。更新プログラムが提供されないと、不具合が残ったままになる上、セキュリティ上の脅威にもつながりますので、各パソコンで使用するOSは更新プログラムをなるべく早く適用し、サポート切れのOSは新しいバージョンのOSに入れ替えるといった管理が必要です。

Windows 10やmacOSでは、OSを買い替えなくても無償で最新OSにアップデートできます。Windowsでは半年に一度「機能更新プログラム」として提供され、1903・1909などリリースされた年月のバージョン名が付きます。macOSも年に一度、最新のOSがリリースされています。

表 Windows10のバージョンごとのサポート期限※2

Windows 10 の バージョン	提供日	Home、Pro エディションの サポート終了日	Enterprise エディションの サポート終了日
Windows 10 Version 2004	2020年5月27日	2021年12月14日	2021年12月14日
Windows 10 Version 1909	2019年11月12日	2021年5月11日	2022年5月10日
Windows 10 Version 1903	2019年5月21日	2020年12月8日	2020年12月8日
Windows 10 Version 1809	2018年11月13日	2020年11月10日	2021年5月11日

常に最新のOSを利用できるのが理想ですが、パソコンにインストールしているアプリケーションによっては最新OSに未対応の場合があり、OSをアップデートすることで不具合が発生する可能性があります。利用者が最新OSにすぐにアップデートしてしまわないようにあらかじめアナウンスしておき、IT担当者の動作確認が完了した後にアップデートの実施を改めて依頼するのが安全でしょう。

※2 「Windows ライフサイクルのファクト シート」https://support.microsoft.com/ja-jp/help/13853/windows-lifecycle-fact-sheet

1.5 アプリケーション

業務によっては、特定の業務用アプリケーションが必要になります。一般的な業務用アプリケーションと、それらの管理について知っておきましょう。

アプリケーションとは

アプリケーションとはアプリケーションソフトウェアの略で、特定の用途のために作成されたソフトウェアのことを指します。OSにはWebブラウザやメモ帳などの基本的なアプリケーションはインストールされていますが、それだけで業務を進めるには機能が足りない場合があります。そのような場合は、業務で必要となるアプリケーションを追加でインストールします。代表的なアプリケーションにどのようなものがあるか見ていきましょう。

Webブラウザ

インターネット上のWebサイトを閲覧するためのアプリケーションを**Webブラウザ**と呼びます。OSと合わせて標準のWebブラウザがインストールされ、WindowsであればInternet ExplorerやEdge、macOSであればSafariが該当します。OS標準のWebブラウザ以外では、Google ChromeやFirefoxなどが有名です。

Webブラウザは単純にWebサイトを閲覧するだけでなく、Webブラウザ上で動作するWebアプリケーションを操作するためにも使われ、業務で使用する機会も増えています。Webアプリケーションによっては動作を保証するWebブラウザを限定している場合もあります。特に官公庁や金融系のWebアプリケーションではWindowsとInternet Explorerのみを動作保証している場合が多く、Windowsのパソコンが必要になることがあります。

オフィスアプリケーション

文書作成や表計算など、オフィス業務に必要となるアプリケーションのことを**オフィスアプリケーション**と呼びます。MicrosoftのOfficeシリーズが有名で、文書作成アプリケーションのWord、表計算アプリケーションのExcel、プレゼンテーションアプリケーションのPowerPointなどをまとめてOfficeスイートとして販売しています。

オフィスアプリケーションはパソコンにインストールして使用するものが一般的でしたが、MicrosoftのWeb版Office(旧Office Online)やGoogleのG Suite[※3]など、Webアプリケーションとして提供するサービスもあります。

どのオフィスアプリケーションも基本的な機能は同じですが、使用するアプリケーションが異なると、作成したファイルを他のオフィスアプリケーションで開いたときに表示が崩れるなど互換性の問題が発生することもあります。社内で利用するオフィスアプリケーションはなるべく統一しておくことが望ましいです。

表 代表的なOfficeスイート製品[※4]

	文書作成	表計算	プレゼンテーション	動作環境
Microsoft Office	Word	Excel	PowerPoint	インストール型が主流
G Suite	Google ドキュメント	Google スプレッドシート	Google スライド	ブラウザ上で動作(インストール不要)

※3 G Suiteは今後Google Workspaceへの名称変更が予定されていますが、本書ではG Suiteで統一します。

※4 価格はプラン、代理店、価格改定などにより変動するため表には記載していません。詳細は各製品のWebサイトや代理店にご確認ください。

業務システムと基幹システム

会計システムや勤怠システムなど、特定の業務に特化したシステムを**業務システム**と呼びます。特に在庫管理システムや販売管理システムなど事業の根幹を支えるシステムを総称して**基幹システム**と呼ぶこともあります。会計システムなど、どの会社でも必要な機能がある程度決まっていれば業務システムとして販売されていますが、会社によって業務の流れが大きく変わる基幹システムについては、既存のシステムをカスタマイズしたり、内製したりする必要があります。これらの業務システムの導入については、「第4章 業務システムを導入する」でさらに詳しく説明します。

ライセンスの管理

OSやアプリケーションなどのソフトウェアには、**ライセンス**という概念があります。ライセンスには、ソフトウェアの利用許諾や再配布、著作権の取り扱いなどが記載されており、これらに同意しなければソフトウェアを使用できません。ソフトウェアによってライセンスの形態はさまざまですが、有償ライセンスの場合はデバイスあるいはユーザーのいずれかの単位でライセンスを購入することが一般的です。インストール時に厳密にライセンス数をチェックせず、複数デバイスにインストールできてしまうソフトウェアも存在しますが、「1ライセンスごとに1デバイスで利用可能」と定められている場合、複数デバイスでの利用はライセンス違反になりますので、必ず利用規約を確認して必要な数のライセンスを購入するようにしましょう。

また、ライセンスには買い切りの恒久ライセンス以外に、月額・年額といったサブスクリプションタイプも存在し、サブスクリプションの場合は期間に応じてライセンスの更新が必要になります。サブスクリプションタイプでは、製品の管理画面からライセンス数や割り当てユーザーを確認でき、契約も自動更新されるものがほとんどです。買い切りのライセンスには管理画面はありませんので、どのデバイスでどのライセンスを利用しているかを台帳などにまとめて管理しておきましょう。

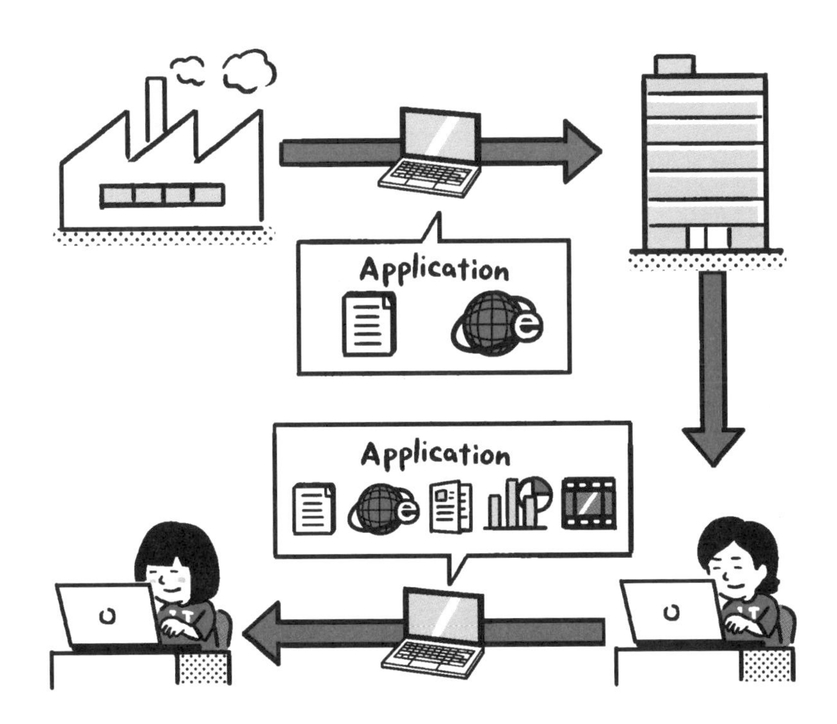

1.6 ディスプレイとプロジェクタ

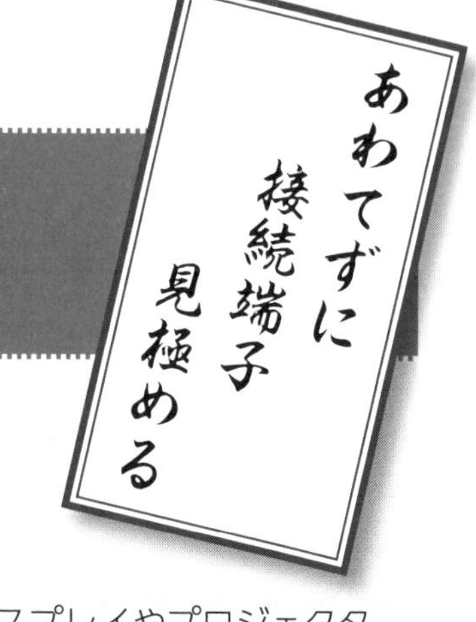

デスクトップパソコンはディスプレイを別途用意しないとパソコンから出力される映像や操作画面を映すことができません。
また、会議やセミナーなどで外部ディスプレイやプロジェクタに手元のノートパソコンの画面を投影したいケースもあります。
ディスプレイやプロジェクタの特徴と、接続端子について知っておきましょう。

ディスプレイ

パソコンの画面を出力するための装置を**ディスプレイ**と呼びます。ノートパソコンはパソコン本体と液晶ディスプレイが一体になっていますが、デスクトップ型のパソコンは一般的にはディスプレイを用意して接続しなければ画面を出力できません。昔は奥行きがあり大きいブラウン管のディスプレイが一般的でしたが、現在では軽量で奥行きも短い液晶ディスプレイが主流です。

ディスプレイは、「インチ（型）」という単位で描画画面の対角線の長さを表現します（1インチ＝2.54cm）。デスクで使用するのであれば20〜30インチ程度のもの、会議室など複数名が画面を見て使用する場合は30〜50インチ程度のものが必要になります。また、50インチを超えるような大型ディスプレイの場合は重量もそれなりにあり、転倒による怪我や破損のリスクがあるので、スタンドや壁への固定など転倒防止や耐震を考慮した設置が必要です。

プロジェクタ

プロジェクタもディスプレイと同様にパソコンの画面を出力するための装置ですが、映像を光源ランプから射出するしくみのため、以下のような特徴があります。

- スクリーンなどの投影先が必要
- ディスプレイと比べて起動が遅い
- 大きなサイズでの投影では、ディスプレイより安価に済む
- ランプが消耗品のため、使用時間が長い場合はランプの交換費用がかかる

上記のような特徴のため、プロジェクタは比較的大人数のセミナーなど大きな画面の投影が必要な場合に用いられることが多いです。プロジェクタ自体のサイズは小さいものが多いので持ち運びできることがほとんどですが、大型のプロジェクタであれば天井に吊り下げて固定して使うこともあります。

プロジェクタを選定する際は、投影可能な画面サイズ以外にも、**ルーメン**という明るさの単位にも注意が必要です。使用する部屋の明るさやプロジェクタの機構によっても明るさは変わってくるので、純粋にルーメン数だけでは実際の明るさは判断できませんが、「同じ環境・同じ機構であればルーメン数が大きいほど明るく投影できる」ということを覚えておくといいでしょう。

解像度と接続端子

ディスプレイやプロジェクタをパソコンに接続するには、**解像度**と**接続端子**に注意する必要があります。

▶解像度

解像度は、ディスプレイなどに画面を出力した際の画素の密度を表しま

す。ディスプレイに表示される映像は、小さなドットの集まりで構成されており、「1920×1080」という解像度であれば、横に1920個・縦に1080個のドットが表示可能なディスプレイという意味になります。同じ画面サイズで解像度が大きい場合は、より繊細な映像が描画可能となり、逆に解像度が小さい場合は荒い映像となります。

解像度は出力する側（パソコンなど）と出力される側（ディスプレイなど）で対応しているサイズが決まっており、解像度が「出力する側>出力される側」の場合は映像が拡大されるので表示が粗くなってしまいます。

また、解像度の縦と横の比率を**アスペクト比**と呼びます。従来はアスペクト比は「4:3」が主流でしたが、近年では「16:9」の横長のものが主流になっています。アスペクト比が「4:3」にしか対応していないプロジェクタに「16:9」のスライドやビデオを投影すると端が見切れてしまったり、縮小されて上下に余白ができてしまう場合があります。逆に、アスペクト比が「16:9」のプロジェクタに「4:3」のサイズで作成した資料を投影すると左右に余白ができてしまいます。ディスプレイやプロジェクタを選定する際は、アスペクト比が「16:9」に対応している製品を選定しましょう。

主要な解像度については以下の表のように通称があります。

表 代表的な解像度

通称	解像度（横x縦px）	アスペクト比
VGA	640x480	4:3
SXGA	1280x1024	5:4
FHD(Full-HD)	1920x1080	16:9
WQHD(Wide Quad-HD)	2560x1440	16:9
4K	3840x2160	16:9
8K	7680x4320	16:9

図 スライドのアスペクト比（上段が4:3、下段が16:9）※5

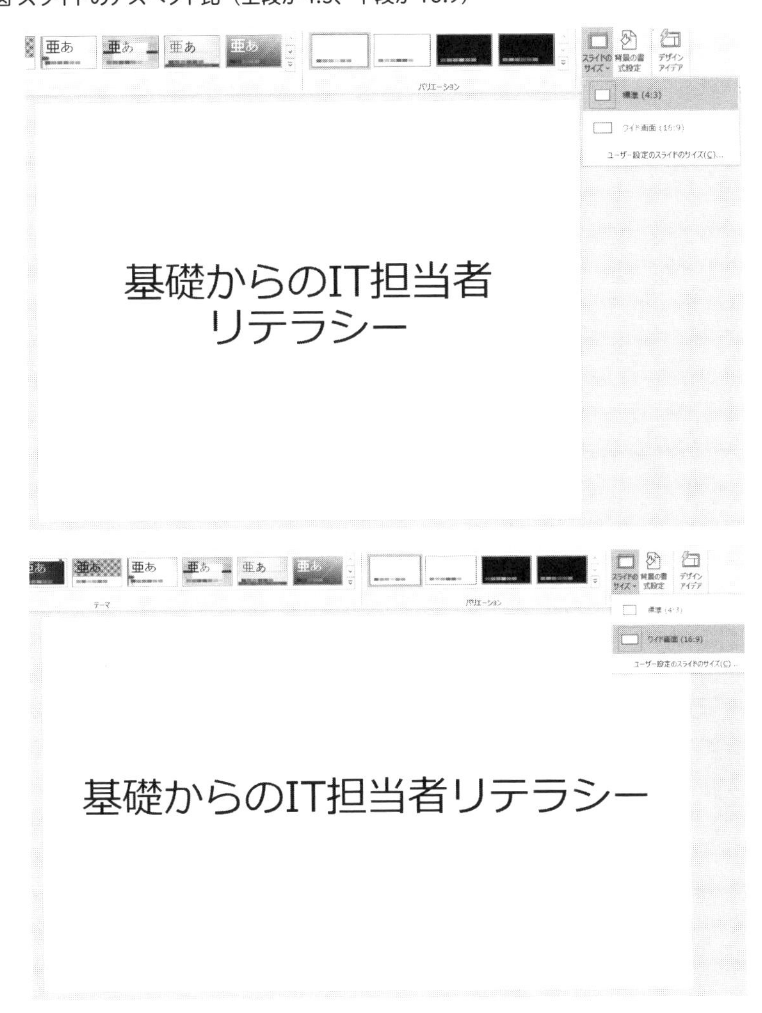

※5　Microsoft PowerPoint での例

▶接続端子

パソコンをディスプレイやプロジェクタに接続するためのケーブルの端子にはいくつかの種類（規格）があります。

会議室で使用するディスプレイやプロジェクタと、社内で用意しているパソコンの端子を揃えておかなければ接続できないこともあるので、搭載されている端子を把握しておきましょう。これから購入する機器については、汎用性の高いHDMIやUSB Type-Cが搭載されていれば問題ないでしょう。

表 主な接続端子

端子名	画像	説明
VGA		D-sub15と呼ばれることもある。アナログでRGB(Red・Green・Blueの3色で色を表現する方式)の映像信号を出力する。DVIやHDMIなどのデジタル信号端子が登場するまでの主流で、現在でもVGA端子が搭載されているディスプレイやプロジェクタも多い。アナログのため画質は悪く、ピンが欠けることにより映像の色がおかしくなることもある。
DVI		液晶ディスプレイなどのデジタルディスプレイに適したデジタル信号で映像出力するために作られた端子。信号はデジタル化したものの古い規格であり、HDMIのように4Kや8Kなどの高解像度には対応できない。
DisplayPort		DVIの後継として作られた規格。非常に高い解像度にも対応できるが、端子のサイズが大きく、一般的なノートパソコンではHDMIを搭載していることが多い。形状がHDMIと似ているので要注意。
HDMI		元々は家電向けに作られた規格。映像だけでなく音声も出力できるため、ケーブル1本で映像と音声を出力できる。汎用性が高く多くの機器に搭載されているが、HDMIの中でも細かく規格が分かれており、ケーブルと機器の相性問題も起きやすいので注意が必要。
USB Type-C		周辺機器の接続に用いられるUSBの近年の規格。映像・音声だけでなく電力の供給も1本のケーブルで可能。MacBookなど近年のノートパソコンに標準搭載されていることも多い。

コラム テレビとディスプレイの違い

最近では大型のテレビも安価になり、テレビを会議室の大型ディスプレイとして使うケースも増えてきています。テレビは映像を綺麗に映すことに特化しているので動画がなめらかに表示され、ディスプレイに比べると文字などの細かい描写は苦手とされていますが、そこまで大きな差はありません。テレビの接続端子もHDMIが主流なので、パソコンと接続してディスプレイ代わりに使うことも可能です。

テレビやディスプレイの液晶画面にはグレア（光沢）とアンチグレア（非光沢）があり、蛍光灯や窓などの光源が近くにある会議室のような環境では反射により画面が見づらくなることもあるので、アンチグレアのものがお勧めです。

1.7 その他の周辺機器とドライバ

オフィス機器
業務効率
支えてる

パソコンを使用するために、マウス・キーボードが別途必要になる場合があります。また、パソコン上で使用しているドキュメントファイルや表計算シートを紙に印刷するためにはプリンタや複合機が必要です。代表的な周辺機器について把握しておきましょう。

キーボードとマウス

パソコンへの入力装置として主に用いられるのが**キーボード**と**マウス**です。

▶キーボード

文字の入力をパソコンに伝えるための入力装置です。日本向けのJIS配列のキーボードが国内では一般的ですが、米国ではUS配列のキーボードが主流です。JIS配列のキーボードはひらがなが各キーに割り当てられていて、かな入力が可能です。US配列のキーボードはかな入力はできませんが、一部の記号の配置がJISキーボードと異なり英文入力やプログラミングに適しているため、エンジニアに好まれる傾向があります。

また、キーボードの右側に数字入力のためのテンキーが配置されたモデルもあり、サイズは大きくなりますが経理部門をはじめ数字入力が多い業務では好まれる場合があります。

▶マウス

ポインタ（カーソル）の移動やクリックなどの画面操作をパソコンに伝えるための入力装置です。

ノートパソコンの場合は、タッチパッド（トラックパッド）という、指でなぞって操作するマウスのような機器がキーボードと合わせて搭載されています。

ノートパソコンの場合はいずれの入力装置も搭載されていますが、デスクトップパソコンの場合は別途用意が必要です。

キーボードもマウスも、USBなど有線ケーブルで接続するものもあれば、無線やBluetoothなどワイヤレスで接続するものもあります。ワイヤレスの場合はケーブルが不要で配線がスッキリしますが電池が必要になるなど、メリット・デメリットがそれぞれありますので、最適なものを選定しましょう。

プリンタ

プリンタは、電子ファイルなどパソコン上で表示しているデータを紙に印刷するために使用します。インクジェットプリンタとレーザープリンタの2種類が主流で、それぞれの特徴は以下の表の通りです。

表 インクジェットプリンタとレーザープリンタの比較

	着色材料	印刷速度	本体価格	印刷単価	消耗品交換頻度
インクジェットプリンタ	インク	遅い	安い	高い	高い
レーザープリンタ	トナー	速い	高い	安い	低い

印刷頻度や印刷枚数が多いオフィスではレーザープリンタ（あるいはレーザー方式の複合機）が必要ですが、印刷頻度が少ないオフィスではインクジェットプリンタでも十分かもしれません。

プリンタはUSBケーブルでパソコンに直接接続して使用することもできますが、会社で使う場合は複数名で共用することが多いので、社内ネットワークに接続して使用することが一般的です。

スキャナ

紙の書類を読み取ってPDFや画像などの電子ファイルに変換する装置を**スキャナ**と呼びます。紙で受け取った書類を電子化して保存したりメールで送ったりする際に必要です。スキャナ単体の製品もありますが、プリンタや複合機にスキャナ機能がついていることも多いです。

複合機

オフィスでの使用を想定して作られた、コピー・プリンタ・スキャナ・FAXなどの機能を持つ装置を**複合機**と呼びます。紙に関連する業務で必要となる機能が一体となっているので、各オフィスに1台は導入されていることが多いです。複合機の機器自体は高価ですが、レンタルやリースといった初期費用を抑えた導入方法を用意しているメーカーも多いです。複合機はトナー（インクのような着色材料）などの消耗品の補充や定期的な清掃・メンテナンスが必要となるので、それらの保守契約も必要です。

複合機にフィニッシャーというオプション装置を付けることで、ホチキス留めや中綴じなどを自動で行うことも可能です。

複合機もプリンタと同様に、社内ネットワークに接続して使用することが一般的です。

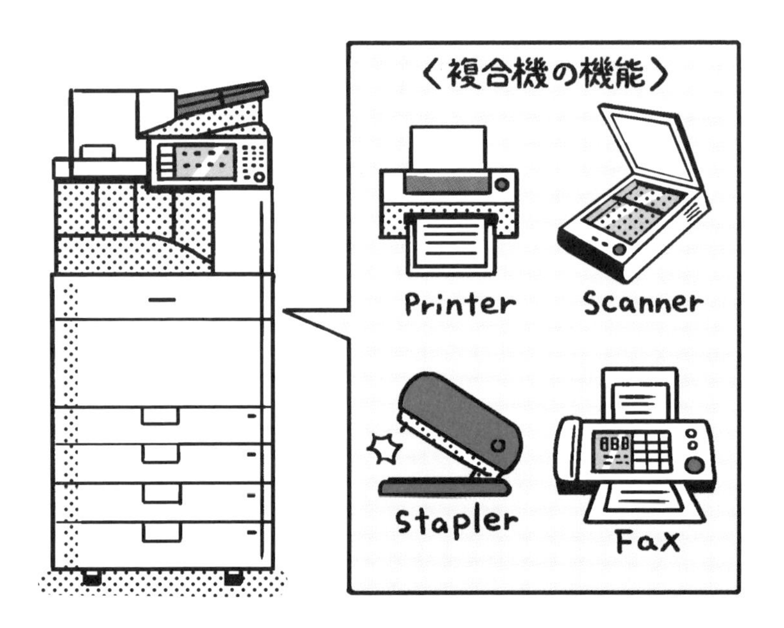

ドライバ

周辺機器をパソコンに接続して使用するには、**ドライバ**と呼ばれるハードウェア制御用のソフトウェアが必要です。キーボードやマウスなど簡易的な機器であれば、OSにあらかじめ備わっているドライバを用いて接続するだけで使用できますが、プリンタや複合機から正しく印刷するためには各機器のドライバを追加でインストールする必要があります。ドライバは各メーカーのWebサイトで公開されていることが多いので、最新版をダウンロードしてインストールしておきましょう。

また、OSのアップデートにドライバが対応できておらず、それまで使用できていた機器が使用できなくなるといった問題が発生することもあります。周辺機器が正常に動作しなくなった場合は、最新のドライバをインストールして不具合が解消するかどうか確認しましょう。

1.8 スマートデバイス

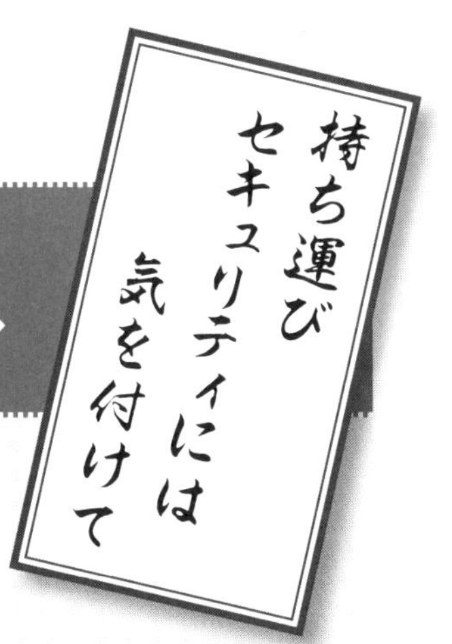

スマートフォンやタブレットなど、スマートデバイスと呼ばれるパソコン以外のデバイスの業務利用も増えてきています。主なスマートデバイスとそれらの管理について知っておきましょう。

スマートデバイスの種類

スマートフォンやタブレットなどを**スマートデバイス**と呼び、業務利用も増えてきています。パソコンに比べて用途は限定されますが、直感的な利用のしやすさや価格の安さから、業種によってはパソコンよりもスマートデバイスを主に利用する現場もあります。

▶スマートフォン

パソコンのようにOSを搭載した携帯電話で、アプリをインストールすることで電話以外にもさまざまな用途に使用できます。スマートフォンのOSは、Appleが開発したiPhone用のiOSとGoogleが開発したAndroidの2つが主流です。

外出先からメールやスケジュールの確認が必要な営業などに会社用携帯として貸与することが多いです。

▶タブレット

タッチパネルを搭載した板状の端末で、AppleのiPadが有名です。Androidを搭載したタブレットも増えてきています。店舗のレジやサイネージ（電子看板）などに利用されることもあります。

スマートフォンに比べて画面が大きく、文字を入力する効率も良いので、外出先や工場などでノートパソコンの代わりに使用する場合もあります。

スマートフォンもタブレットもSIMカードを搭載できます。SIMカードを搭載した場合は、電話番号が割り当てられ電話やSMSが使用できるようになり、モバイルデータ通信も利用できます。SIMカードを搭載しない場合は、Wi-Fiに接続しなければネットワークに接続できません。SIMカードは月額費用が発生するので、検証用スマートフォンやサイネージ用タブレットなどWi-Fi環境でのみ利用する端末については必ずしも契約する必要はありません。

スマートデバイスの管理

スマートデバイスは持ち運びが用意なため、紛失・盗難のリスクが大きいです。万一の紛失・盗難に備えて、**MDM(Mobile Device Management)**というツールを導入しておけば、紛失・盗難時に遠隔から強制的にデータ消去や操作のロックができます。インストール可能なアプリや機能を制限できる製品もあるので、スマートデバイスを大量に導入する企業ではMDMも合わせて導入を検討しましょう。代表的なMDMとして、MicrosoftのIntuneや、Apple製品に特化したJamfのJamf Proなどがあります。スマートデバイスが紛失・盗難に遭った場合は遠隔データ消去など早急な対応が必要なので、発覚次第すぐにIT担当者に連絡をするように利用者に周知しておきましょう。

BYOD

個人で所有している私物のデバイスを業務でも利用することを**BYOD (Bring Your Own Device)** と呼びます。BYODを活用すれば、会社としてスマートデバイスを調達する費用はかかりませんが、私物デバイスから機密情報や個人情報にアクセスさせるとセキュリティ上のリスクにもなります。メリット・デメリットを慎重に考慮してBYODの利用可否を検討しましょう。

▶BYODを認めるかどうか

営業部から、『私物のスマートフォンで会社のメールを見たい』と相談がありましたが、どうしましょうか。

できれば会社貸与のスマートフォンを全員に配布したいところだけど、コストがかかるので厳しそうだな…。

私物のスマートフォンで会社のメールが見れれば、2 台持ち歩かなくてもいいので利用者も楽ですしね。

ただしセキュリティについて慎重に検討しておかないと。私物のスマートフォンが盗難・紛失にあったりすると、情報漏えいにつながる可能性もある。

たしかに。「私物のスマートフォンで会社の機密情報にアクセスする場合は、会社の MDM への登録を必須にする」などのルールが必要そうですね。

そうだね。BYOD を認めることで発生するリスクと、それらの対応策についてまとめて、会社としてのルールを決めておこうか。

第2章

社内インフラを整備する

2.1 ネットワークの基本

前章でパソコンや周辺機器を準備しました。次は、「パソコンをインターネットに接続したい」、「社内でデータを共有したい」といったニーズが出てきます。オフィスからインターネットに接続するためにはどうすればいいか学んでいきましょう。

インターネット

インターネットは、現在最も普及しているグローバルなコンピューターネットワークです。世界中のコンピューターがインターネットに接続し、Webサイトの閲覧や電子メールの送受信などを行っています。

オフィスからインターネットに接続する場合も、一般家庭と同様にインターネット接続回線（以下、回線）と**ISP (Internet Service Provider)** の契約が必要です。「回線はフレッツ（NTT)、ISPはOCN (NTTコミュニケーションズ)」といったように、回線とISPはそれぞれ契約が必要です。回線とISPを一体型でまとめて契約できるサービスや、ISPに申し込めば回線の手配も代行してくれるサービスもあります。

回線にもさまざまな種類がありますが、オフィスの場合は複数のパソコンが同じ回線を共用するため、一般家庭向けの100Mbps※1程度の速度の回線では帯域（単位時間あたりの通信量）が不足する場合があります。費用との兼ね合いにはなりますが、帯域が1Gbps以上の法人向けサービスから

※1　ネットワークの通信速度は「bps（bit per second)」という単位で表現します。100Mbps の場合は、「1 秒間に 100M（メガ）の bit を転送できる」という意味です。回線の速度はベストエフォートという理論上の最大速度となっていることが多く、常にその速度が出るわけではありません。

選定するといいでしょう。インターネットをどの程度使用するかにもよりますが、100人未満のオフィスであれば1Gbpsの帯域のサービスで間に合うことが多いです。また、接続方式が**PPPoE（Point-to-Point Protocol over Ethernet）**の回線は通信が混雑して不安定になることが多いため、避けた方が無難です。

LANとWAN

オフィスネットワークを構築するためには、**LAN（Local Area Network）**と**WAN（Wide Area Network）**について理解する必要があります。LANはオフィスや自宅など、外部に非公開のネットワークを指します。プライベートネットワークやイントラネットと呼ばれることもあります。WANはLANの外部のネットワークを指し、インターネットとほぼ同義です。

家庭でインターネット回線を契約し、パソコンやスマートフォンなどの機器を家庭用ルーターに接続し、同じ回線を使用してインターネットにアクセスするのもLANの構築と言えます。オフィスでも同様に、インターネット回線とネットワーク機器を用意してLANを構築し、各パソコンが相互に通信したりインターネットにアクセスできるようにします。

一般的なLANとWANの構成図を示します。各機器や用語についてはこの後の節で解説します。

図 一般的なLANとWANの構成図

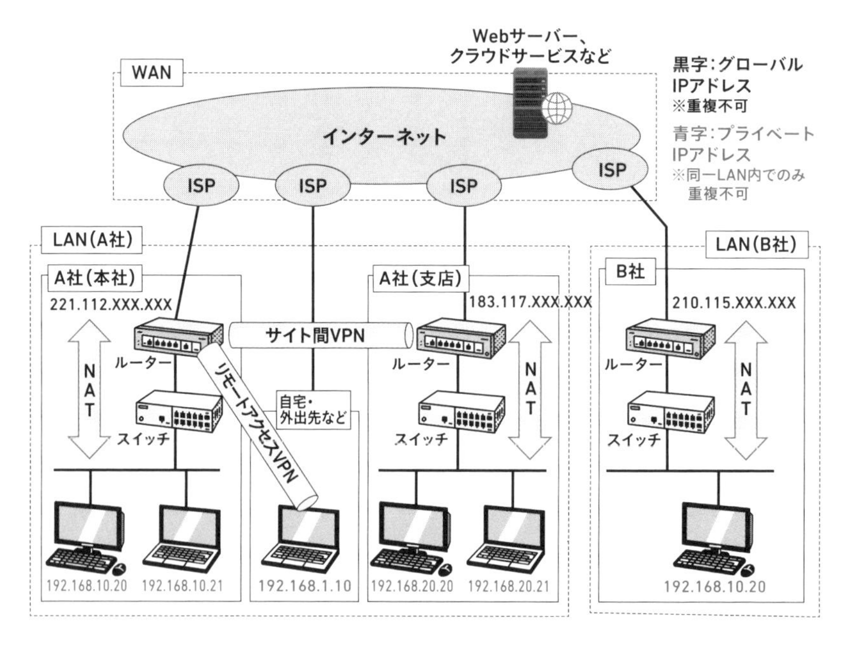

2.2 IPアドレス

LANやWANにおけるデータ通信には、IPアドレスという宛先を識別するための情報を使用します。IPアドレスとはどのようなものなのか学んでいきましょう。

IPアドレスの設定

ネットワークに接続した機器は、**IPアドレス（Internet Protocol Address）**という識別用の番号を用いて通信先を探します。インターネットにおけるデータ通信はパケットと呼ばれる単位に小分けにされ、個々のパケットに宛先のIPアドレスが記録されています。「パケットという小包に、IPアドレスという宛先の住所が記載されたタグが付いていて、その宛先にパケットが届く」といったイメージです。

IPアドレスが適切に設定されていないと、機器をLANに接続しても通信ができません。IPアドレスを機器に設定するには、手動でIPアドレスを設定する方法と、**DHCP（Dynamic Host Configuration Protocol）**というしくみを使用してルーターやサーバー※2から配布する方法があります。IPアドレスがLAN内で重複していると正しく通信できないため重複しないように設定する必要がありますが、すべての機器のIPアドレスを手動で設定して管理するのは困難です。そのため、パソコンやスマートデバイスなどの台数が多く持ち運んで使用する機器には、DHCPで自動的にIPアドレスを配布する構成にしておくといいでしょう。DHCPで配布するIPアドレ

※2　ルーターとサーバーについては本節で後ほど解説します。

スは定期的に変わる可能性があるため、ネットワーク機器やサーバーなどIPアドレスが変わると利用者がアクセスできなくなる可能性がある機器には、固定のIPアドレスを手動で設定しておきます。IPアドレスやDHCPの設定方法については本書では解説しませんので、各機器やOSのマニュアルを参照してください。

IPアドレスにはIPv4とIPv6の2つのバージョンがあります。IPv4では32bitで、IPv6では128bitでIPアドレスを表現します。現状ではIPv4が主流であり、「IPアドレス」とバージョン表記がない場合は「IPv4アドレス」を指すことが一般的です。本書においても、バージョン表記がない限りは「IPv4アドレス」を示します。

表 IPv4とIPv6の比較

	サイズ	アドレスの個数	表記例
IPv4	32bit	2の32乗=約43億	192.168.1.1
IPv6	128bit	2の128乗=約340澗（かん）	2001:0db8:85a3:0000:0000:8a2e:0370:7334

IPv4のIPアドレスは、グローバルIPアドレスとプライベートIPアドレスの2種類に大きく分けられます。

グローバルIPアドレス

グローバルIPアドレスはインターネット接続に使われるIPアドレスで、全世界で重複しないように国際的に管理されています。一般利用者は任意のグローバルIPアドレスを設定してインターネットに接続はできず、ISPと契約してグローバルIPアドレスを割り当ててもらう必要があります。グローバルIPアドレスの割り当ては、ISPが保持しているグローバルIPアドレスが自動的に割り当てられる方式や、固定のグローバルIPアドレスをいくつか提供してもらいネットワーク機器に設定して使用する方式があります。契約するサービスやオプションによって、グローバルIPアドレスの提供方法は異なります。

IPv4のグローバルIPアドレスは約43億個しか存在しないため枯渇が懸念されており、将来的にIPv6への移行が検討されています。

プライベートIPアドレス

プライベートIPアドレスは、LANでのみ使用するために用意された一定の範囲で自由に使用できるIPアドレスを指します。プライベートIPアドレスは同一LAN内で重複するとIPアドレスが競合して通信に支障が発生しますが、相互接続されていない他社や家庭のLANとであれば重複していても問題ありません。

プライベートIPアドレスのままではWANにアクセスできないので、ルーターなどの機器が持つ**NAT（Network Address Translation）**という機能を用いてグローバルIPアドレスに変換してもらいWANにアクセスします。グローバルIPアドレスの数には限りがあるので、すべての機器にグローバルIPアドレスを割り当てるのではなく、プライベートIPアドレスとNATを活用してグローバルIPアドレスの割り当てを減らすことが一般的です。

プライベートIPアドレスには3種類の範囲（クラス）がありますが、任意のものを使用して構いません。LANに接続する機器が多く、プライベートIPアドレスが大量に必要になるような環境ではクラスAやクラスBを、それほど機器が多くない環境ではクラスCを使うことが多いです。

表 IPv4のプライベートIPアドレスの範囲

クラス名	IPアドレスの範囲	アドレス数
クラスA	10.0.0.0～10.255.255.255	16,777,216
クラスB	172.16.0.0～172.31.255.255	1,048,576
クラスC	192.168.0.0～192.168.255.255	65,536

IPv4ではプライベートIPアドレスやNATを活用して、数の少ないグローバルIPアドレスを有効活用します。一方、IPv6ではインターネットに接続

するデバイスすべてに一意のIPv6アドレスを付与しても十分な数のアドレスが確保されています。そのため、IPv6ではグローバルIPアドレスとプライベートIPアドレスの区分けは存在しません。ただし、IPv6ではユニークローカルアドレスと呼ばれるIPv4のプライベートIPアドレスと同様に組織内でのみ利用可能な特殊なIPアドレスの範囲が設けられています。

DNS

インターネット上のWebサイトにアクセスするためには、そのサイトのグローバルIPアドレスを覚えていなければならないかというと、そんなことはありません。通常、Webサイトにアクセスするには https://www.google.com/ などWebサイトのアドレスをWebブラウザに入力し、**DNS(Domain Name System)** というしくみでIPアドレスに変換します。DNSを用いたWebサイトのアドレスからIPアドレスへの変換を名前解決と呼ぶこともあります。

インターネットではドメインという表記方法でWebサイトのアドレスを表現します。ドメインはインターネットにおける住所のようなものです。世界中のドメインとIPアドレスの紐付け情報を管理しているDNSサーバーが各所に存在し、それらに問い合わせてWebサイトのアドレスからIPアドレスに変換します。

2.3 ルーターとスイッチ

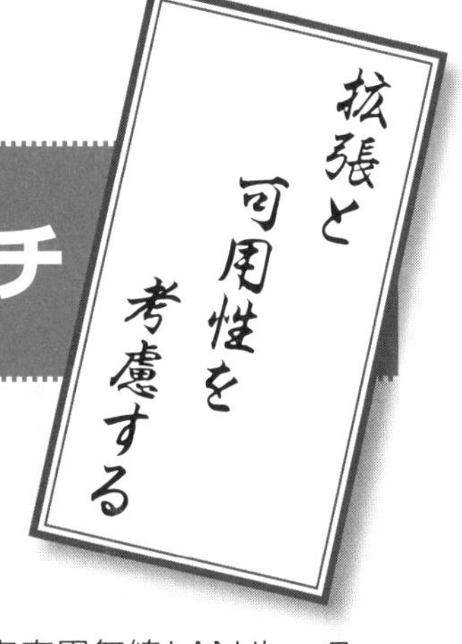

一般的な家庭では無線LANルーターが1台あればネットワーク構築は完了しますが、オフィスではもう少し高度なネットワークが求められます。10～20名程度の小規模なオフィスであれば家庭用無線LANルーター1台だけでも業務は可能かもしれませんが、それ以上の規模になるとルーター・スイッチ・無線アクセスポイントなどそれぞれの役割に特化した機器を導入する必要があります。代表的なネットワーク機器の役割について解説していきます。

ルーター

ルーターはWANとLANなど異なるネットワークの境界をつなぐネットワーク機器で、WAN側とLAN側の**ポート**（LANケーブルを接続する端子）を持ちます。WAN側に**ONU（Optical Network Unit）**と呼ばれるインターネット回線の終端装置を、LAN側にスイッチなどのLAN用のネットワーク機器をそれぞれLANケーブルで接続します。

図 ルーターの例

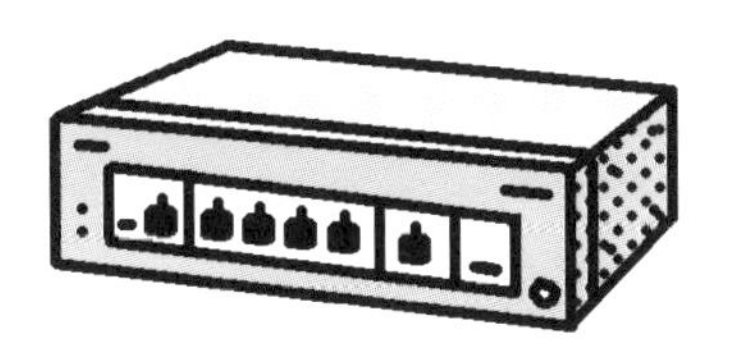

ルーターはNATの機能を用いて、LAN内の機器のプライベートIPアドレスとグローバルIPアドレスを変換し、WANと通信できるようにします。

また、ルーターはWANからの不要な通信を遮断するファイアウォールと呼ばれる機能を兼ね備えるものが多く、セキュリティにおいても重要な機器となります（ファイアウォールの詳細は第3章で解説します）。

ルーターは小規模拠点向けから大規模拠点向けまで幅広いラインナップがあり、価格差も大きいです。CPUやメモリなどのスペックから接続可能台数を正確に割り出すことは難しいですが、メーカーによっては製品Webサイトに「中規模拠点向け」「100人以下のオフィス」など目安を記載していることもあります。そのような情報を参考に、今後の従業員数の増加も見据えた上で少し余裕を持たせたモデルを選定するといいでしょう。

スイッチ

スイッチはルーターの配下に設置して使用するネットワーク機器で、スイッチングハブ（あるいはハブ）とも呼ばれます。パソコンや複合機などどをLANケーブルでスイッチと結線してLANに接続します。ルーターはNATやファイアウォールとしての役割が主でポート数が少ないため、LAN内の機器の接続は、ポート数の多いスイッチを用いることが一般的です。

図 スイッチの例

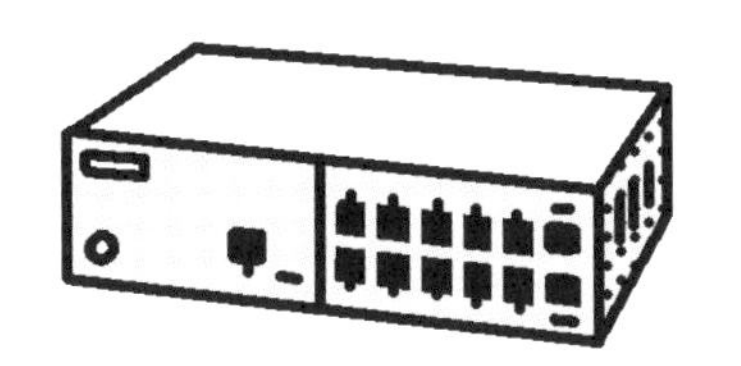

スイッチにさらにスイッチを接続することを**カスケード接続**と呼び、ポート数が不足してきた場合は、スイッチをカスケード接続して接続機器数を増やすことができます。その際、一本のLANケーブルの両端を同じスイッチのポートに接続してしまうと**ループ**と呼ばれる現象が発生し、大量のパケットが同じスイッチ上を循環して処理が暴走し、正常に動作しなくなる場合があるので注意が必要です。

スイッチによっては**PoE(Power over Ethernet)**と呼ばれるLANケーブルのみで電源を供給する機能を持っているモデルもあります。後述する無線LANのアクセスポイントはPoE給電に対応しているものが多く、PoEで給電すれば電源を別途用意する必要がなくなり配線がシンプルになります。PoEにも規格がいくつかあり、供給できる電力や必要になる電力も機器により異なるので、選定の際は注意が必要です。

スイッチはポート数や通信速度を基準に製品を選定しましょう。スイッチに接続する機器が1Gbpsまでしか対応していないのに10Gbps対応のスイッチを導入しても、1Gbpsの速度しか発揮できず過剰な投資となってしまいます。PoEを使いたい場合は、PoE対応機種かどうか、供給する電力数が足りているかどうかも確認しておきましょう。

図 ネットワーク機器の構成例

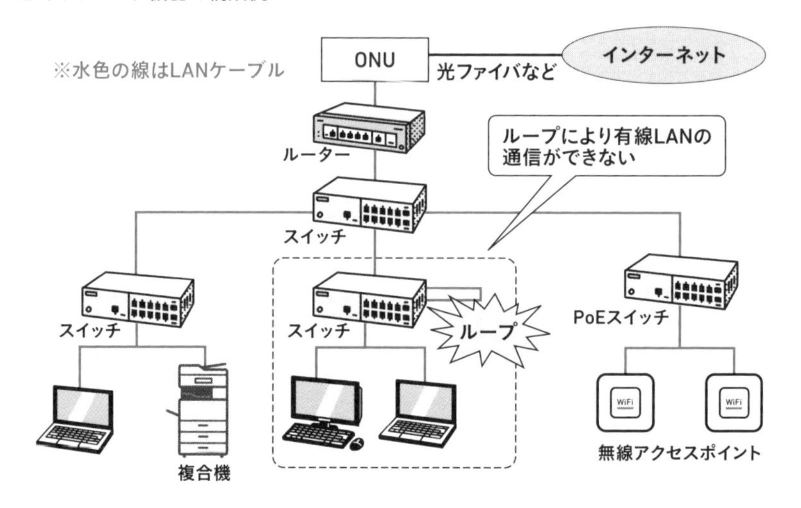

ルーターもスイッチも、基本的には購入してそのまま使用することはできず、IPアドレスやISPの認証情報などの設定が必要です。また、ネットワークは業務上必須のインフラであり、将来的な拡張性や可用性（本章で後ほど解説）を考慮して設計する必要があります。ネットワークの知識がある場合は自力で設計・構築も可能ですが、そうでない場合はネットワーク業者に設計や設定を発注することも検討した方がいいでしょう。

コラム ルーティングについて

本書では解説しませんでしたが、ネットワークには**ルーティング**や**サブネット**と呼ばれる重要な概念があります。「ルーター」という名称も、「ルート（ネットワークの経路）を管理する機器」という意味合いで名付けられていました。

小さなオフィスであればあまりルーティングを意識する必要はありませんが、フロアや拠点が増えてくるとLANをいくつかのサブネットと呼ばれる単位に分割し、それぞれのサブネットをルーティングで結ぶ設定が必要です。ルーティングの詳細については、章末の「参考図書」で紹介するTCP/IPネットワーク関連の書籍などを読んで学んでみてください。

2.4 有線LANと無線LAN

パソコンなどの機器をネットワークに接続するには、有線と無線の2つの方法があります。有線で構築されたLANを有線LAN、無線で構築されたLANを無線LANと呼びます。有線LANと無線LANが混在していても問題はなく、機器によって使い分けることが一般的です。以前は有線LANが主流でしたが、近年ではタブレット端末などのスマートデバイスの活用が進み、無線LANの必要性も高まってきました。それぞれの特徴と構築のポイントについて学んでいきましょう。

有線LAN

有線LANはLANケーブルや光ファイバーケーブルで機器を接続します。無線LANに比べて動作が安定しており速度も速いため、ネットワーク機器やサーバーなど安定性と速度が求められる機器は有線LANに接続することが一般的です。

LANケーブルは正式には**ツイストペアケーブル**という名称で、カテゴリと呼ばれる規格があります。以下の表の通り、カテゴリによって最大伝送速度や伝送帯域が異なるので注意が必要です。最大伝送速度は理論上の最高速度で、伝送帯域は値が大きい方が大量データの処理効率がよくなります。

表 LANケーブルの代表的なカテゴリ

カテゴリ	最大伝送速度	伝送帯域	補足
カテゴリ5(CAT5)	100Mbps	100MHz	PoE非対応
エンハンスドカテゴリ5(CAT5e)	1Gbps	100MHz	
カテゴリ6(CAT6)	1Gbps	250MHz	
カテゴリ6A(CAT6A)	10Gbps	500MHz	
カテゴリ7(CAT7)	10Gbps	600MHz	カテゴリ6以前と端子形状が異なる

オフィスネットワークを構築する場合は、伝送速度が遅くPoE非対応のカテゴリ5は避け、最低でもカテゴリ5e、予算に余裕があればカテゴリ6か6AのLANケーブルを配線しておくといいでしょう。カテゴリ7は端子形状が異なり扱いが特殊なため、一般的なオフィスネットワークで使用されることは現状では稀です。

また、LANケーブルの最大伝送速度が10Gbpsとなっていてもパソコンやネットワーク機器などの接続する機器が1Gbpsまでしか対応していない場合は、最大1Gbpsの速度しか出ません。接続する機器によっては過剰な投資になってしまうので、適切なカテゴリのLANケーブルを選定しましょう。

無線LAN

無線LANはLANケーブルなどのケーブルを使用せず、無線（電波）で機器をネットワークに接続します。**Wi-Fi**という国際的な商標名で呼ばれることも多いです。

無線LANはケーブルが不要なため、ノートパソコンやタブレットなどの持ち運んで使用する機器と相性が良いです。一方、電波の干渉を受けたり、同じ無線LANに多くの機器が接続していると速度が落ちるといった特徴もあります。

無線LANは、**アクセスポイント**と呼ばれる電波を発する機器に**SSID（Service Set Identifier）**という識別子（接続先）を設定して使用します。1つのアクセスポイントに社内用のSSIDと来客者用のSSIDなど、複数のSSIDを設定できる機種もあります。利用者は接続したいSSIDを選択し、パスワードなどによる認証を経て接続します。

無線LANは**IEEE（アイトリプルイー）802.11**という国際規格が定められており、規格により使用する電波の周波数帯や最大速度が異なります。

表 代表的なIEEE802.11の規格

規格名称	周波数帯	最大速度（理論値）	Wi-Fi名称
IEEE 802.11a	5GHz	54Mbps	
IEEE 802.11b	2.4GHz	11Mbps	
IEEE 802.11g	2.4GHz	54Mbps	
IEEE 802.11n	2.4GHz/5GHz	600Mbps	Wi-Fi 4
IEEE 802.11ac	5GHz	6.9Gbps	Wi-Fi 5
IEEE 802.11ax	2.4GHz/5GHz	9.6Gbps	Wi-Fi 6

IEEE 802.11は次々と新しい規格が定められており、各社が販売している機器もそれに追従しています。アクセスポイント側が最新の規格に対応していても接続する機器が新しい規格に対応していないと、古い規格で接続して想定していた速度が出ないこともあるので注意が必要です。

また、無線LANは有線LANと異なり、電波が届く範囲であればオフィス外から第三者が接続を試みることができます。SSID接続用パスワードを複雑で長いものに設定するなど、セキュリティについては有線LAN以上に気を配る必要があります。特に来客者用SSIDなど社外の方にパスワードを伝えるものは、定期的にパスワードを変更することが望ましいです。アクセスポイントによってはSSIDを非表示にして接続先に表示されないようにする機能もあります。

コラム 無線LANの電波特性について

日本国内の無線LANは、2.4GHzと5GHzの2つの周波数帯が利用されています。

2.4GHzは壁や床などの遮蔽物に当たってもあまり電波が減衰しないため、遠くまで電波が届くというメリットがあります。しかし、電子レンジやBluetoothなども同じ2.4GHzを使用するため、電波干渉を受けやすく動作が不安定になりやすいという問題もあります。

5GHzは電波干渉は少ないですが、2.4GHzに比べて遮蔽物に弱い特性があります。金属の遮蔽物には弱いですがガラスは透過するので、「会議室内にも電波を届かせるために、壁やドアをガラス張りにする」といったオフィス設計が重要になってきます。

現状では5GHzのみで無線LANを構築した方が安定しますが、接続する機器によっては「2.4GHzのみ対応しており、5GHzには非対応」といった場合もあります。特に古い機器やパソコン以外の家電機器などはまだ5GHz対応していないものも多いので、それらの機器のために2.4GHz専用のSSIDを別途作成するといった対応が必要になる場合もあります。

2.5 VPN

会社の規模が大きくなってくると拠点も増え、拠点や外出先から本社のネットワークに接続したいというニーズも出てきます。VPNというしくみを使用して、本社外から本社のネットワークに接続できるようにしましょう。

VPNとは

異なるLAN同士をインターネット経由で接続し、仮想的に同一LANのようにつなぐしくみを**VPN(Virtual Private Network)**と呼びます。インターネット上の通信は第三者によって傍受される可能性がありますが、通信の暗号化により傍受を防ぎ、専用回線で結ばれているかのようにネットワークを相互接続できます。VPNは主に**サイト間VPN**と**リモートアクセスVPN**に分けられます。

サイト間VPN

本社と支店間のように、それぞれのLAN(サイト)を接続するVPNのことをサイト間VPNと呼びます。それぞれの拠点のルーターがVPNの終端となり、LAN同士をVPNで接続します。「2.1 ネットワークの基本」の「一般的なLANとWANの構成図」に登場する「A社(本社)」と「A社(支店)」はサイト間VPNで接続されています。

本社内に業務システムのサーバーが配置されており、インターネット公開せずに支店から安全にアクセスさせる場合などに、サイト間VPNを利用します。

サイト間VPNはルーター間で通信を暗号化するため、LAN内の各機器がVPN接続する必要はなく、拠点間が常時VPN接続された状態となります。異なるメーカーのルーターでサイト間VPNを構築すると問題が発生することもあるので、サイト間VPNを構築するルーターはなるべくメーカーを統一しておくようにしましょう。

リモートアクセスVPN

リモートアクセスVPNは、パソコンやスマートデバイスなどの機器とルーター間でVPNを構成します。リモートアクセスVPNを使用すると、オフィスLAN上のサーバーなどに社外からもアクセスできるようになります。「2.1 ネットワークの基本」の「一般的なLANとWANの構成図」に登場する「A社」と「自宅・外出先のパソコン」は、リモートアクセスVPNで接続されています。リモートアクセスVPNは常時接続しているとルーターや会社のインターネット回線に負担がかかるので、オフィスLANにアクセスする際のみを使用し、利用終了後には切断するのが一般的です。

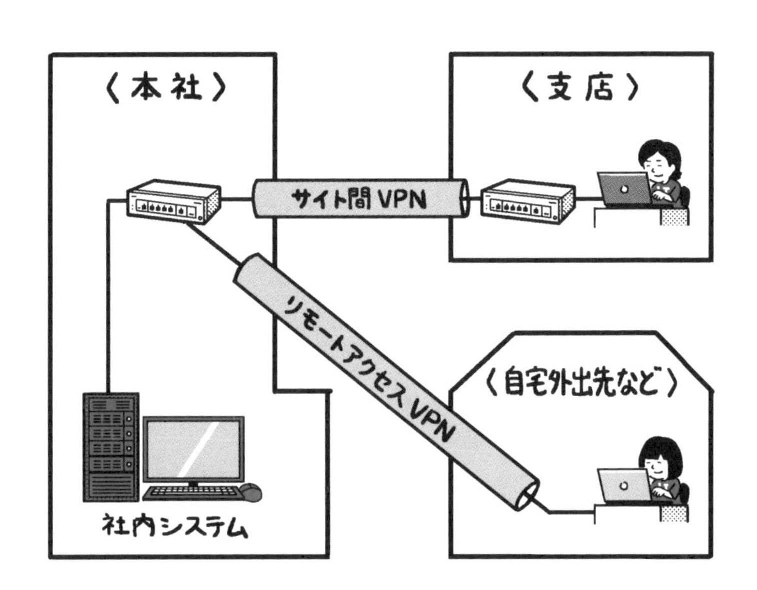

VPNは暗号化処理を行うためルーターに負荷がかかります。ルーターによって同時接続可能なVPN数の目安が記載されていることも多いので、機種選定の際に確認しておきましょう。リモートアクセスVPNを使用する場合は別途ライセンスが必要になる場合もあるので、製品紹介Webサイトなどで合わせて確認が必要です。

また、VPNに接続するそれぞれのネットワークでプライベートIPアドレスが重複していると通信に支障が発生するので、重複しないようにVPN接続前にあらかじめプライベートIPアドレスの範囲を確認しておく必要があります。

▶ネットワークのトラブルシューティング

最近、無線LANやVPNに接続できないという問い合わせが多いんですが、原因がわからずに困ってます…。

ネットワークのトラブルシューティングは経験が問われるね。まずは切り分けを行って原因を絞っていくことがポイントだよ。
「その不具合は他のパソコンでも発生しているのか」「WindowsとMacの両方で発生しているのか」「特定の場所だけで発生しているのか」など現象が発生する条件を絞りこんで、原因がパソコンなのかOSなのかネットワーク機器なのか切り分けていこう。

なるほど。

あとは確認が容易な物理的な部分から調べていくのが効率がいいね。LANケーブルは挿さっているか、Wi-FiのスイッチがOFFになっていないかなどは、専門知識がない人でも見ればわかるからね。

2.6 サーバーの種類

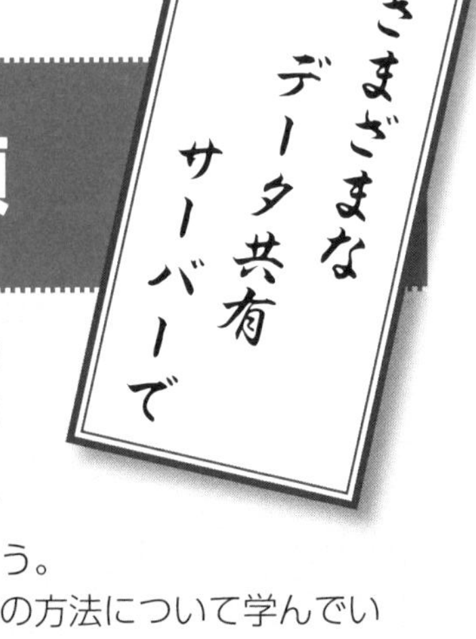

社内のパソコンをネットワークに接続することができました。続いて、「社内で電子ファイルを共有したい」「電子メールを使いたい」という要望を満たすため、サーバーの導入を検討しましょう。
本節では、サーバーの役割や運用管理の方法について学んでいきます。

サーバーとクライアント

Webサービスや電子メールなど、サービスを提供する役割を持った機器を**サーバー**と呼びます。対して、サーバーに接続してサービスを受ける側の機器を**クライアント**と呼びます。サーバーとクライアントの間では、サービスごとに**プロトコル**と呼ばれる通信規約が定められており、プロトコルで定められた順序にしたがってデータのやりとりが行われます。

図 クライアント・サーバー・プロトコルの関係

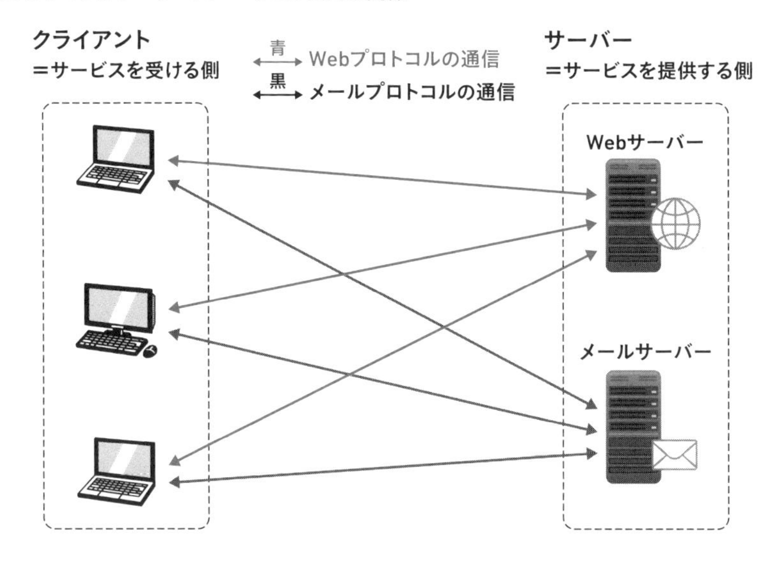

サーバーもパソコンと同じくCPU・メモリ・ディスクを搭載した機器で、OSが稼働しています。サーバーかクライアントかは機種で区別されるわけではなく、一般的なパソコンでもサーバー用のOSやソフトウェアをインストールしてサーバーとして動作させることは可能です。しかし、サーバーは複数のクライアントからの大量の処理をさばく必要があるため、高性能なCPUや大量のメモリが必要になり、一般的なパソコンのスペックでは実用に耐えないことがほとんどです。そのため、各メーカーでは個人利用向けのパソコンとは別にサーバー用のモデルを製造・販売しています。

サーバー用のモデルは**タワー型**と**ラックマウント型**に大きく別れます。タワー型のサーバーはデスクトップパソコンと同じように床や棚などに置いて使用します。ラックマウント型のサーバーは平べったい形状をしており、**ラック**と呼ばれるサーバーやネットワーク機器専用の棚に搭載して使用します。タワー型のサーバーはラックがなくても使用できるので手軽に導入できますが、台数が増えてくると置き場に悩まされます。ラックマウント型のサーバーはラックが必要ですが、1つのラックの中に何台も搭載することができるため、集積率が非常に高いです。ラックマウント型のサーバーで、さらに集積率を高めた**ブレードサーバー**と呼ばれるものも存在します。

OSについてもWindows 10などのクライアント用のOSではなく、サーバーに特化したサーバー用OSを使用することが一般的です。MicrosoftのWindows Serverシリーズ、商用のLinuxであるRed Hat Enterprise Linux、OSSのLinuxであるCentOSなどがよく利用されています。サーバー用OSではOSの処理を極力少なくするため、クライアント用OSのようにアプリケーションはほとんどインストールされておらず、最低限の機能のみがインストールされています。**GUI（Graphical User Interface）**と呼ばれるマウス操作のための画面さえもインストールされておらず、**CLI（Command Line Interface）**と呼ばれるコマンドを入力して操作する画面のみで運用することも多いです。

サーバーにはどのような役割を持つものが存在するのか、代表的なものをいくつか解説していきます。

ファイルサーバー

電子ファイルを社内で共有するためには**ファイルサーバー**が必要です。Officeアプリケーションで作成した文書ファイル、撮影した写真の画像ファイル、取引先から受け取った請求書のPDFファイルなど、電子ファイルとして存在するあらゆるファイルをファイルサーバー上に保管して共有できます。ファイルサーバーをLANに接続し、WindowsのエクスプローラーやMacのFinderからアクセスすることで、ローカル（自身のパソコン内）に置いている電子ファイルと同様に閲覧・編集できます。ファイルサーバーがファイルを共有するための代表的なプロコトルとして、**SMB（Server Message Block）**、**NFS（Network File System）** などが挙げられます。

パソコンの中に保存された電子ファイルは、パソコンが故障した場合にすべて消失するリスクがあります。業務で利用する電子ファイルはファイルサーバー上に保管することで耐障害性が上がり、他の従業員と電子ファイルを共有して効率的に作業できる利点があります。

ファイルサーバー上の電子ファイルも、パソコン上と同様にフォルダ（ディレクトリ）を作成して整理できます。ファイルサーバーではフォルダごとに適切な権限を設定しておかなければ、「人事関連の電子ファイルが全従業員から閲覧できる状態になっていた」などの問題が発生する可能性があります。電子ファイルを散在させず、部門や役職などで権限を適切に管理できるようにファイルサーバーのフォルダ構成を設計しておきましょう。

図 ファイルサーバーのフォルダ構成例

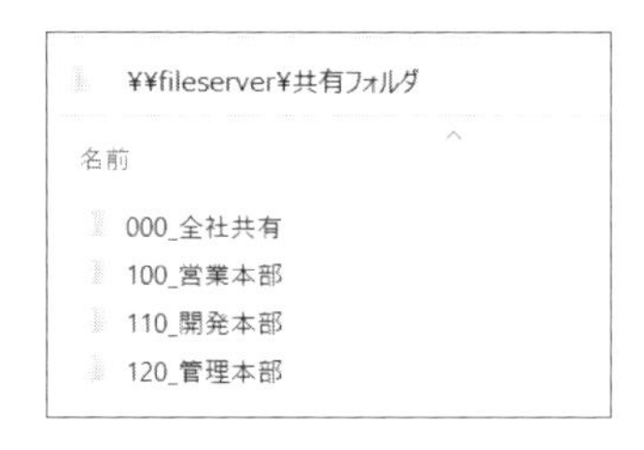

ファイルサーバーはCPUとメモリの性能はそこまで求められませんが、大量のデータを保管したりファイルの読み書きが頻繁に発生するので、ディスクの容量と読み書き速度が重要です。HDDよりもSSDの方が読み書き速度は圧倒的に速いですが、SSDはHDDよりも容量あたりの単価が高いのが難点です。また、ディスクに障害が発生してもデータが消失しないように、**RAID（Redundant Arrays of Inexpensive Disks）**と呼ばれる複数のディスクを仮想的に1つのディスクとして束ねる構成が一般的に利用されます。RAIDにはいくつか種類があり、種類により読み書き速度への影響もありますが、本書では説明は省略します。ディスクを多く搭載してファイルサーバーに特化したサーバーを**NAS（Network Attached Storage）**と呼ぶこともあります。

ファイルサーバーはLAN上に構築することが一般的でしたが、近年ではファイルサーバーを用意せずクラウド型※3のストレージサービスをファイルサーバーのように利用するケースも増えてきています。

メールサーバー

電子メールの送受信や中継を担うのが**メールサーバー**です。電子メールはパソコンからパソコンに直接届くわけではなく、メールサーバーを経由して届けられます。メールの受信については**POP**や**IMAP**、メールの送信については**SMTP**というプロトコルが主に使用されます。メールサーバ

※3　クラウド型システムの説明については、4章で改めて解説します。

ーは世界中のメールサーバーにSMTPでメールを送信し、受信したメールは各メールサーバーのディスク上にある利用者ごとのメールBOXフォルダ(ディレクトリ)に保管されます。

メール利用者のパソコンなどのクライアントに**メーラー**と呼ばれるメールソフトをインストールし、メーラーに自社メールサーバーの接続情報と認証情報を設定します。メーラーは、メールサーバーからPOPやIMAPで自身のメールを受信し、メールサーバーを介してSMTPでメールを送信します。

図 メールの送受信のしくみ

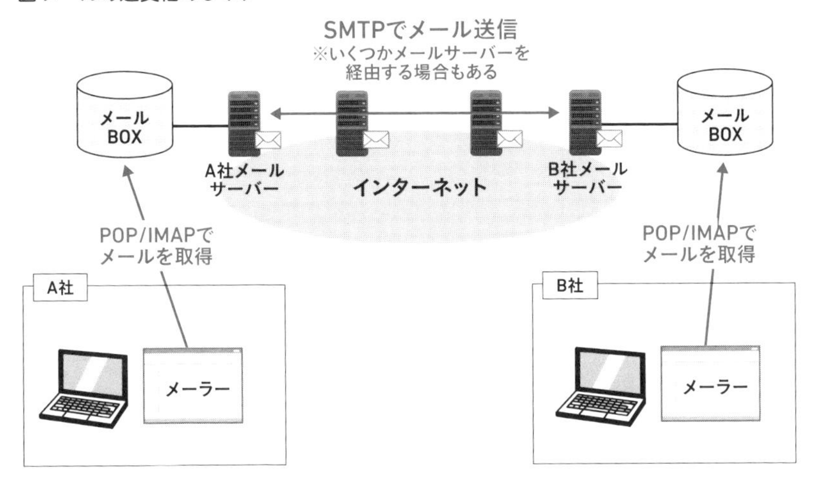

メールサーバーに障害が発生すると、「メールの送受信ができなくなる」「メールが受信できず消失してしまう」などの問題が起きる可能性があるため、24時間×365日の運用管理体制が求められます。また、常にインターネット上に公開して社外と通信できるようにしておく必要があります。スパムメールと呼ばれる迷惑メールや不正アクセスなどへの対策も求められるため、専門知識を持たない担当者が自分自身でメールサーバーを運用することは困難です。そのため、メールサーバーはクラウドサービスやホス

ティングサービス※4などを利用し、自社内にはメールサーバーを持たない運用が一般的になってきています。Gmailに代表されるWebメールシステムではメーラー自体がクラウド化されており、Webブラウザのみで電子メールを送受信できます。

コラム POPとIMAPの違い

代表的なメールの受信プロトコルであるPOPとIMAPは、電子メールファイルの取得方法が異なります。電子メール自体はメールサーバーに保管されていますが、POPはメーラーに電子メールファイル全体をダウンロードするのに対し、IMAPは電子メールの件名など一部の情報のみをダウンロードします。

POPで受信した電子メールファイルはメールサーバー上から削除されますが、IMAPでは削除されずに残ります（POPでも設定によっては一定期間メールサーバーにデータを残しておくことは可能です）。

POPで受信した電子メールはパソコンなどのクライアント内部にしか残らないので、パソコンが故障した場合は電子メールのデータも消失してしまいます。IMAPはメールサーバー上に電子メールが残っているので、パソコンが故障した場合もデータは消失せず、他のデバイスからも過去のメールを参照できます。

ただしIMAPはメールサーバーに電子メールが溜まり続けてしまうのでディスクの容量に注意が必要です。POPはクライアントがメールを受信する度に電子メールが消去されるので、ディスクの容量はIMAPに比べて少なくて済みます。

Webサーバー

自社のWebサイトを作成してインターネットに公開する場合は、**Webサーバー**が必要です。Webサーバーはクライアントのブラウザに必

※4　サーバーやネットワークなどの物理的な管理や運用は提供事業者が行い、OSや各サービスの設定のみを利用者が操作できるように切り出して提供しているサービスをホスティングサービスと呼びます。利用者は割り当てられたサーバーにリモート接続して利用します。機器やネットワークの管理を自社で行う必要がないため、管理コストを抑えてサービスを利用できます。

要な情報を送信し、Webページを表示させます。

Webサーバーは**HTTP**というプロトコルを用いてWebブラウザとデータを送受信します。通信が暗号化されたHTTPを**HTTPS**と呼びます。Webサイトは**HTML**という言語でWebページのコンテンツを表現し、**CSS**という言語でWebページの体裁やデザインを表現します。WebサーバーはWebページの表示をそのまま画像転送しているわけではなく、HTML・CSS・画像ファイルなどをHTTPやHTTPSでWebブラウザに転送し、Webブラウザはその情報にしたがってWebページを描画します。そのため、Webブラウザによって Webページの表示に差異が生じる場合があります。

図 Webページ表示（上段）とHTML表示（下段）の例

```

<html lang="ja" dir="ltr">
<!-- Copyright 2015 The Chromium Authors. All rights reserved.
     Use of this source code is governed by a BSD-style license that can be
     found in the LICENSE file. -->
<head>
  <link rel="stylesheet" href="chrome-search://local-ntp/animations.css"></link>
  <link rel="stylesheet" href="chrome-search://local-ntp/local-ntp-common.css"></link>
  <link rel="stylesheet" href="chrome-search://local-ntp/customize.css"></link>
  <link rel="stylesheet" href="chrome-search://local-ntp/doodles.css"></link>
  <link rel="stylesheet" href="chrome-search://local-ntp/local-ntp.css"></link>
  <link rel="stylesheet" href="chrome-search://local-ntp/theme.css"></link>
  <link rel="stylesheet" href="chrome-search://local-ntp/voice.css"></link>

```

Webサーバーは一般的なWebサイトのように表示内容が固定された静的なWebページだけでなく、クライアントから受け取った情報を元に動的なWebページの生成が可能です。このようなしくみを**Webアプリケーション**と呼びます。Googleなどの検索エンジンも、「利用者が入力した検索ワードに基づいて、検索結果を画面に表示する」という動的なページ生成を行っているWebアプリケーションの一種と言えます。

Webアプリケーションは、インストールが必要なデスクトップ型のアプリケーションと比べて、以下のようなメリットがあり、急速に普及が進んでいます。

- Webブラウザのみで動作するので、クライアントに専用アプリケーションのインストールが不要
- アプリケーションの更新はWebサーバー側で実施するので、クライアント側のアップデートが不要
- インターネット上に公開すれば、誰でもアクセスして利用できる

クラウド型のツールもWebブラウザで使用するものが多く、Webアプリケーションの一種と言えるでしょう。

Webアプリケーションによっては、動作保証をしているWebブラウザやOSを限定していたり、追加のアプリケーションをインストールしなければ使用できないものもあります。特に法人用インターネットバンキングなど金融系のWebアプリケーションは動作要件の制限が厳しいことが多いので、システム利用前に動作要件をチェックしておきましょう。

データベースサーバー

データベースと呼ばれる構造化された大量のデータを保管し、データベースに対するデータの入出力や検索を担うサーバーが**データベースサーバー**です。「DBサーバー」と省略して表現されることもあります。

会計システムや顧客管理システムなどの業務システムでは、**リレーショナルデータベース**と呼ばれるさまざまな表状のデータ（テーブル）が結合したデータベースがよく使われます。顧客一覧、商品一覧などのExcelのような表が大量に結びついたものをイメージしてください。リレーショナルデータベースでは、顧客や商品などの基本的なデータをマスタ、取引などの日々蓄積していくデータを明細やトランザクションと呼ぶこともあ

ります。「リレーショナルデータベースのデータ構造の例」の図のように、明細データから各マスタを参照するようにデータを保持することで、全明細に顧客名や商品名を保持する必要がなくなり、データの保存効率や検索効率が向上します。

図 リレーショナルデータベースのデータ構造の例

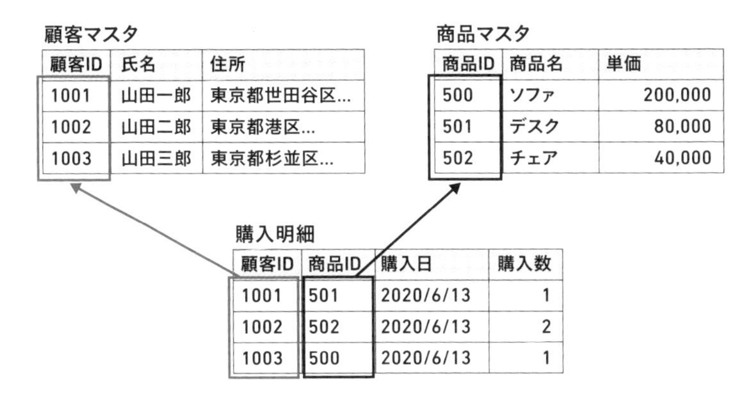

顧客マスタ

顧客ID	氏名	住所
1001	山田一郎	東京都世田谷区…
1002	山田二郎	東京都港区…
1003	山田三郎	東京都杉並区…

商品マスタ

商品ID	商品名	単価
500	ソファ	200,000
501	デスク	80,000
502	チェア	40,000

購入明細

顧客ID	商品ID	購入日	購入数
1001	501	2020/6/13	1
1002	502	2020/6/13	2
1003	500	2020/6/13	1

リレーショナルデータベースを管理するシステムを**RDBMS（Relational Database Management System）**と呼びます。代表的なRDBMSとして、MicrosoftのSQL Server、OSSのMySQLやPostgreSQLなどがあります。

データベースサーバーは**クエリ**と呼ばれる問い合わせを受け取り、それに対応する結果を返します。クエリには主に**SQL**と呼ばれる言語が用いられます。

データベースサーバーを単体で利用することは少なく、Webサーバーと組み合わせてWebアプリケーションを構成するような使い方が一般的です。Webアプリケーションにおいて、Webサーバーは入力された内容に対応する結果を返す役割を担いますが、その背後でデータベースサーバーと連携しています。たとえばインターネットバンキングのWebアプリケーションについて考えてみましょう。インターネットバンキングの機能を提供するには、全利用者の氏名、口座番号、利用明細など膨大なデータをデータベースとして管理する必要があります。Webサーバーは、クライアントから受け取った「今月の利用明細を表示する」といった入力情報を元にクエリを発行し、データベースサーバーに問い合わせます。データベースサーバーはクエリにしたがってデータベースを検索し、その結果をWebサーバーに返します。Webサーバーは、その結果を含むHTMLをクライアントに送信することで、クライアントのWebブラウザ上に今月の利用明細が表示されます。

図 Webアプリケーションのしくみ

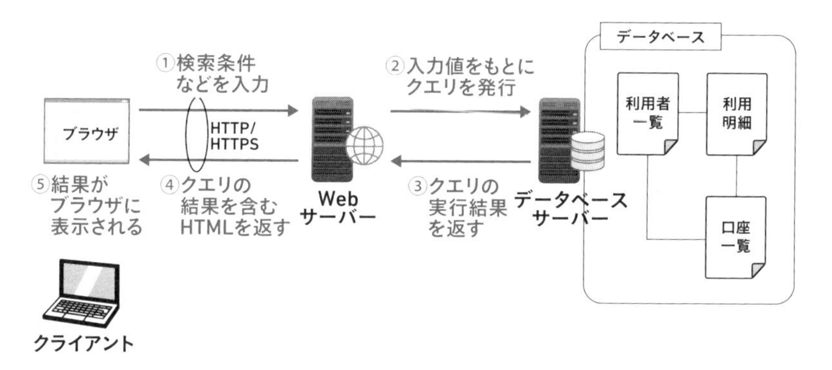

小規模なWebアプリケーションであればWebサーバーとデータベースサーバーを1台のサーバーに同居させることもありますが、性能とセキュリティの両面から、データベースサーバーはWebサーバーと分離させてインターネットから直接アクセスできないネットワーク上に配置することが一般的です。

2.7 電話

ネットワークやサーバーの話からは少しそれますが、ビジネスにおいて電話はまだまだ重要な連絡手段のひとつです。電話にはどのような種類があり、どのように選定すればいいか学んでいきましょう。

電話回線の種類

電話回線はアナログ回線、デジタル回線、光回線の3つに大きく分かれます。

▶アナログ回線

アナログ回線はメタル線（銅線）を使用して**公衆交換電話網**と呼ばれる電話網に接続します。音声はそのまま電気信号としてメタル線を伝って届けられます。糸電話と同じようなしくみです。アナログ電話は1回線で同時に1通話しかできず、同時通話数を増やすためには回線そのものの数を増やす必要があるため、オフィスの電話として使用するには不向きです。

▶デジタル回線

デジタル回線もアナログ電話と同じくメタル線を使って公衆交換電話網に接続しますが、音声をそのまま伝送するのではなく、0と1のデジタル信号に変換して伝送します。デジタル回線でのみ構築された電話網を**ISDN（Integrated Services Digital Network）**と呼びます。

ISDNでは音声だけでなくデータも伝送することができるので、ADSL回線や光回線が普及するまではインターネット接続にも使用されていました。

日本ではNTT東日本・西日本がINSネットというサービス名でISDNを提供していますが、INSネットを利用したデータ通信サービスは2024年1月に終了が予定されています。通話については引き続き利用できる予定ですが、詳細はNTT東日本・西日本が発表している内容をご確認ください。

- NTT東日本『固定電話（加入電話・INSネット）のIP網移行』
  https://web116.jp/2024ikou/index.html
- NTT西日本『固定電話（加入電話・INSネット）のIP網移行』
  https://www.ntt-west.co.jp/denwa/2024ikou/

▶光回線

インターネット回線と同様に、光ファイバーを使用した電話回線です。アナログ回線やデジタル回線のように1回線あたりの同時通話数の制約はほとんどなく、伝送速度も速いため通話品質も良好です。一般的に料金もアナログ回線やデジタル回線に比べて安いため、今日における主流の電話回線です。

IP電話

IP電話は従来の公衆交換電話網は使用せず、通信事業者が提供するIP電話網を利用した新しい電話サービスです。IP電話をはじめ、インターネットを利用した音声通信の技術を**VoIP（Voice over Internet Protocol）**と呼びます。IP電話に対して、従来の公衆交換電話網を用いた電話を**アナログ電話**と総称することもあります。

インターネット用の回線1つでインターネット接続とIP電話の両方を提供できるため、インターネット回線のオプションになっていることが多いです。ビジネス用途では、データ通信と音声通信が相互に悪影響を与えないように、通常のインターネット用回線とは別にIP電話用のインターネット回線を契約し、回線を分けて使うこともあります。

電話番号

電話の種類によって使用できる電話番号も異なります。

国内でもっとも普及している電話番号は、アナログ電話で利用できる**0ABJ番号**という形式の電話番号です。

0ABJ番号は、「0」から始まり「ABCDEFGHJ」の9桁の数字（「I」は数字の「1」と紛らわしいので除外されています）で構成される10桁の番号です。先頭の「0」の後は「市外局番＋市内局番の合計5桁の番号(ABCDE)」、その後は「4桁の加入者番号（FGHJ)」で構成されるため、"03"であれば東京都、"06"であれば大阪府といったように先頭の数字数桁から電話回線を収容している地域を特定できます。

IP電話では公衆交換電話網を使用しないため0ABJ番号は使用できず、**050番号**を使用します[※5]。

050番号は先頭の050は固定で、その後に「電気通信事業者を表す4桁の番号（ABCD)」「4桁の加入者番号（EFGH)」の数字が続き、合計11桁で構成されます。

050番号からは、0120からはじまるフリーダイヤルなどの着信側課金サービスや、110や117などの特殊な番号には発信できないので注意が必要です。

各電話番号の割当は総務省が管理しており、割当状況も公開されています[※6]。

PBX

複数の電話番号と電話機をオフィスで使用するには、**PBX（Private Branch eXchange）**と呼ばれる装置を設置します。

PBXは電話におけるルーターのようなもので、電話回線とオフィス内の

※5　IP電話でもサービスによっては0ABJ番号を利用可能です。

※6　総務省『電気通信番号指定状況』
https://www.soumu.go.jp/main_sosiki/joho_tsusin/top/tel_number/number_shitei.html

電話機のメタル線を収容して相互に接続します。PBXによって、同じ電話番号で複数の電話機から発着信が可能となります。

また、PBXによっては**IVR（Interactive Voice Response）**と呼ばれる機能で音声ガイダンスとプッシュボタンによる案内や着信先の分岐が可能です。外部システムと連携して着信元の顧客情報を表示する**CTI（Computer Telephony Integration）**と呼ばれる機能や、着信者を待機時間などあらかじめ決められたルールにより割り振る**ACD（Automatic Call Distribution）**と呼ばれる高度な機能を持つPBXもあります。

IP電話におけるPBXは**IP-PBX**と呼ばれ、LAN内のサーバーに専用のソフトウェアをインストールして構築します。IP電話機とIP-PBXはスイッチなどのネットワーク機器を介してLANケーブルで接続し、**SIP**とRTPというプロコトルで通話を実現します。

IP電話では電話機だけでなく、パソコンやスマートフォンに専用アプリケーションをインストールしてソフトフォンとしても使用できます。

また、自社でPBXを管理する必要がないDialpadやAmazon Connectといったクラウド型のVoIPサービスも増えてきています。クラウド型のVoIPサービスではインターネットに接続できる環境があればどこからでも利用できるので、オフィスの外でも会社の電話番号で発着信ができるというメリットもあります。

電話の選定と導入

ここまで説明した内容をまとめると以下の表と図になります。

表 電話の種類と特徴

	アナログ	デジタル	光	IP
通信網	公衆交換電話網	公衆交換電話網	公衆交換電話網	IP電話網
回線に使用するケーブル	メタル	メタル	光ファイバー	光ファイバー
使用できる電話番号	0ABJ番号	0ABJ番号	0ABJ番号※1	0ABJ番号※2、050番号
PBXの設置場所	オフィス	オフィス	オフィス	LAN内、クラウド

※1 サービスによっては050番号も利用できます。
※2 IP電話で0ABJ番号を使用するには、ゲートウェイと呼ばれる機器を設置する拠点が必要です。

図 電話の構成図

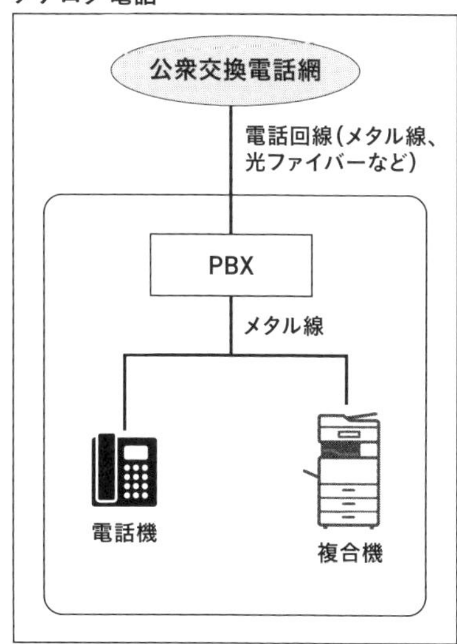

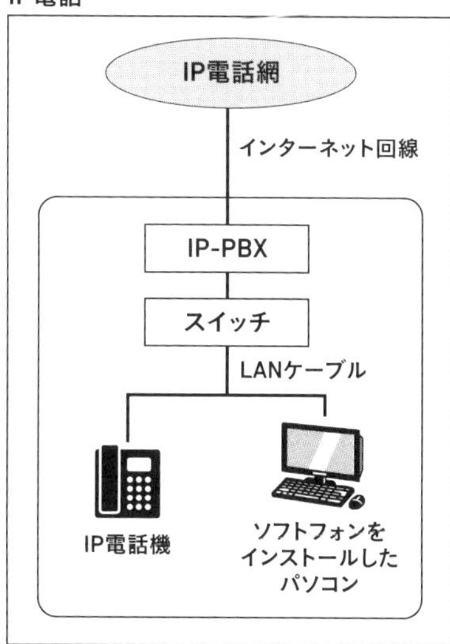

電話には多くのサービスや製品があり、提供する機能や価格もさまざまです。まずは自社で使用する電話の要件を整理し、専門業者に相談して最適な製品を提案してもらいましょう。例えば自社がコールセンター業務を行っているのであれば、通話品質が良くCTIやACDなどの機能を持った高度なPBXが必要になりますし、取引先との連絡程度にしか使用しないのであればクラウド型のVoIPサービスで十分かもしれません。あるいは業務用

の携帯電話を契約して貸与した方が、総合的な費用は抑えられるかもしれません。

また、PBXは製品ごとに異なる専門知識が必要になる場合が多く、自力で構築・運用することは難しいでしょう。LANの構築サービスを提供している業者がPBXの導入・構築サービスを提供していることも多いので、そのような業者にまずは相談してみてください。アナログ電話を使用する場合は各電話機とPBX間のメタル線の配線が、IP-PBXを使用する場合はLANケーブルの配線が必要になるので、それらの配線工事も忘れずに依頼しておきましょう。IP電話を導入する場合は、複合機でFAXを使用するために別途アナログ回線の手配や変換装置が必要になる場合もあるので、事前に業者に確認しておきましょう。

PBX導入後も電話機の内線番号や発着信番号の変更などは頻繁に発生するので、その度に業者に作業を依頼しなくてもいいように、PBXの簡単な設定変更などは手順書を作成して引き継いでおいてもらうと良いでしょう。

2.8 社内インフラの運用管理

ネットワークやサーバーは業務を進める上で重要な役割を持つので、障害が発生した場合は大きな影響を与えてしまう可能性があります。障害や不具合の影響を減らし安定して稼働させるためにはどのような点を考慮して設計、運用する必要があるかを学んでいきましょう。
社内インフラをすべて自前で構築するのは難易度が高いかもしれませんが、外注する際にも必要となる知識なので、ぜひ身に付けておきましょう。

可用性と信頼性

ネットワークやサーバーなど、業務において必要不可欠な基盤を**インフラ（Infrastructure）**※7と呼びます。

システムやインフラに障害を発生させずに利用可能な状態を継続する能力を**可用性**、不具合や不整合を発生させずに正しく機能を提供する能力を**信頼性**と呼びます。自社が管理するネットワークやサーバーといった社内インフラにおいて、可用性と信頼性を高めるにはどのような手法があるのか解説していきます。

冗長化

可用性を高める手段として、**冗長化**という考え方がよく用いられます。

※7　社会におけるインフラは電気や水道などのライフラインを指しますが、ITにおけるインフラはネットワークやサーバーなどの基盤を意味します。

冗長化とは、普段使用している機器の障害や故障に備えて予備機を用意しておくことで、障害が発生しても機能提供を継続できる運用を意味します。冗長化を実現した構成を冗長構成と呼ぶこともあります。たとえば、オフィスのルーターが故障すると、社内からインターネットにアクセスできず業務に支障が発生します。予備機を用意して冗長化しておくことで、障害が発生してもサービスが利用できない時間（**ダウンタイム**と呼ぶこともあります）を短くできます。

冗長化は、機器やシステムによって実装可能な構成が変わります。メイン機も予備機も普段から稼働して処理を分散させておき、障害時は片側のみで稼働させる構成を**アクティブ/アクティブ構成**と呼びます。逆に予備機には普段は処理をさせず、メイン機に障害が発生した場合のみ予備機に処理を手動または自動で切り替える方式を**アクティブ/スタンバイ構成**と呼びます。また、メイン機から予備機に処理を切り替えることを**フェイルオーバー**、メイン機が復旧して予備機から処理を切り戻すことを**フェイルバック**と呼びます。これらの呼び方も、機器やシステムによって異なる場合もあります。

図 冗長構成の例

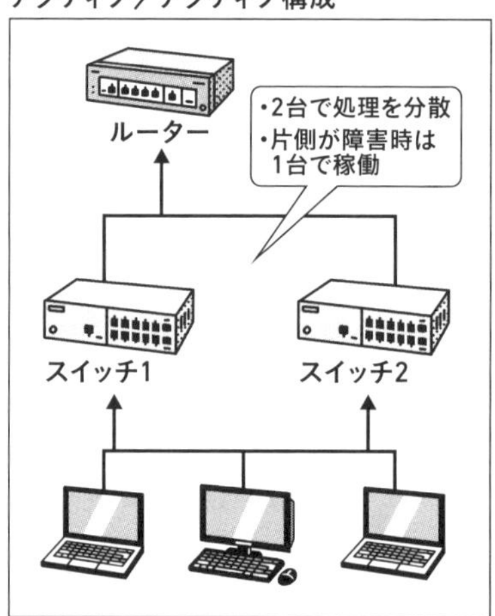

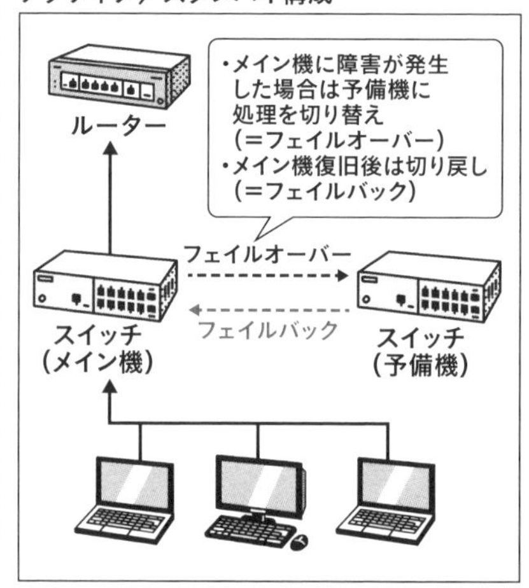

インフラにおいて、特定の機器や機能に障害が発生するとシステム全体や業務が停まってしまう箇所を**単一障害点**、または**SPOF（Single Point of Failure）**と呼びます。インフラを設計・構築する際は、単一障害点を可能な限りなくすように冗長性を高めた構成を考慮するようにしましょう。

業務システムでは、Webサーバーやデータベースサーバーを冗長化して可用性を高めることが一般的です。しかし、以下の「SPOFの例」の図のように、サーバーは冗長構成になっていてもネットワーク機器が単一障害点になってしまっているような場合もあります。

図 SPOFの例

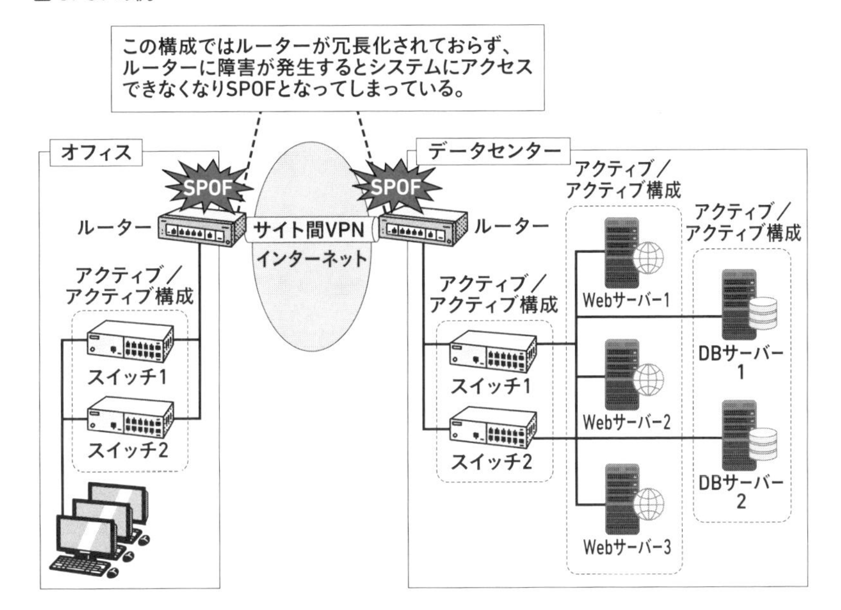

冗長構成を実現するには必要となる機器が増え、導入や運用のコストも当然高くなります。必ずしもすべての機器を冗長化しなければならないということはありませんが、障害が発生した場合に業務に与える影響とコストを考慮して、どこまで冗長化するか構成を検討しましょう。

バックアップとリストア

ファイルサーバーやデータベースサーバーは大量にデータを保持しているため、障害が発生してデータがすべて消失した場合の損失は計り知れません。そのような事態に備え、あらかじめサーバー上の必要なデータを複製しておいたものを**バックアップ**、バックアップを元のサーバーや他のサーバーに復元することを**リストア**と呼びます。

バックアップをバックアップ対象のサーバー上に保管していると、サーバー障害時にバックアップも消失してしまうので、可用性や信頼性を高める手段としての意味をなしません。バックアップは他のサーバーや記憶媒体など、バックアップ取得対象のサーバーと別の場所に保管しておくようにしましょう。地震や火災などの大規模災害も考慮すると、同じオフィスやビル内だけでなく、遠隔地にもバックアップを定期的に保管しておくことが望ましいです。

図 バックアップの保管場所の比較

オフィス内サーバーのバックアップ保管場所	復旧可能な障害レベル
同じサーバー内に保管	操作ミスなどによるデータ消失
外付けディスクなどの外部媒体に保管(※1)	サーバーの障害
同オフィス内の別サーバーに保管	サーバーの障害
データセンターの別サーバーに保管	オフィス内サーバールームの障害
遠隔地のデータセンターの別サーバーに保管	データセンター障害

低
信頼性・コスト
高

※1　外付けディスクの紛失・盗難に注意が必要

バックアップとリストアは、対象のデータ量が増えるほど必要な処理時間も増えていきます。障害が発生してから別のサーバーにリストアを開始したのでは、「リストア完了までに1日近くかかり、その間ずっと業務が停まってしまった」といったことにもなりかねません。毎日夜間にメインのサーバーのバックアップを取得して予備のサーバーにリストアしておくような自動処理を実装しておくことで、メインのサーバーがダウンした場合でも前日夜間の状態のデータからサービスを提供できます。

バックアップとリストアの手法については、バックアップ・リストアに特化したツールを使用する方法や、ファイルコピー・データベースバックアップ・リストアなどの一連の処理をシェルスクリプト（バッチ）と呼ばれるファイルに記載して自動実行する方法があります。バックアップ対象のサーバーやシステムの特性に合わせて、最適な方法を検討しましょう。

サーバールーム

クラウドサービスやホスティングサービスを利用せず、自社内にサーバーを置く場合は、サーバーに適した置き場所を用意してください。サーバーもパソコンとしくみは同じなので、CPU負荷が高まると熱を放出します。サーバーやネットワーク機器を誰でも触れる場所に置いていると、電源を抜かれてしまったり重要なデータを持ち出されたりするリスクがあるため、**サーバールーム**と呼ばれる施錠可能な専用区画を設けて、その中にサーバーを設置することが一般的です。

サーバーは通常のパソコンに比べて高性能なCPUを数多く搭載しているため放熱量も多くなり、馬力の高い業務用空調機も必要です。また、サーバーは常時サービスを提供するために、パソコンと異なって電源を落とさず常時稼働しなければいけません。オフィスの執務室の空調は夜間や休日にOFFになることもあるので、サーバールームの空調機は自動的にOFFにならない専用の物を用意しましょう。さらに、空調機が壊れてしまうとサーバールーム内のサーバーが熱で一斉にダウンしてしまうリスクもあるので、空調機の冗長化も必要です。地震や火災などの対策も考慮する必要があるでしょう。なお、ネットワーク機器については一般的にサーバーよりも熱に強いため、少数のネットワーク機器のみであれば専用空調なしでも運用できる場合もあります。

データセンター

サーバールームを自社で構築するには膨大なコストが発生するので、**データセンター**のハウジングサービスを利用する手段もあります。データセンターはサーバーの集約管理に特化した施設で、ラックが大量に立ち並んでおり、ラックや区画単位で貸出を行っています。借りたラックに自社で購入したサーバーやネットワーク機器を搭載して利用します。多くのデータセンター事業者はインターネット回線も提供しているので回線も合わせて契約し、ルーターを設置してインターネットへの接続やオフィスとのサイト間VPNを構築します。

データセンターは耐震構造や消火設備、冗長化された電源、停電時の自家発電設備などを備えているため、一般的なオフィスに比べて耐災害性が非常に高いです。

データセンターでは物理的なセキュリティ対策が講じられており、エントランスのセキュリティゲートを通過するには専用のICカードが必須で、契約しているエリアの扉やラックしか解錠できません。自社のラックを解除し、サーバーやネットワークをラックに搭載し、設定を行います。

データセンターの利用には利用料が発生しますが、自社内にサーバールームを構築して管理するよりもトータルのコストは安くなる可能性もあり、設備面における可用性・信頼性も段違いに高いと言えます。

監視

冗長化により障害への備えができても、いざ障害が発生した際には迅速な検知と対応が必要です。稼働後も「問題なく動作しているか」「新しい機器に交換する必要がないか」といった判断をするため、**監視**と**保守**について考慮する必要があります。

監視は**死活監視**と**性能監視**の2つに大きく分かれます。

死活監視は、ネットワーク機器やサーバーが稼働しているかどうか、定期的にその応答を確認します。対象の機器から一定時間応答がない場合は、管理者にメールなどで通知を送信できます。普段から利用しているサーバーやネットワーク機器に障害が発生するとシステムにアクセスできなくなるため、利用者がすぐに気付き、管理者に連絡が来ます。しかし、予備機に障害が発生した場合は普段利用者がアクセスしないため、監視のしくみがなければ検知できません。障害発生を迅速に検知して対応するためには死活監視が必須です。

性能監視は、ネットワーク機器やサーバーのCPU負荷、通信量、応答時間などを定期的に記録する監視です。負荷が一定の値を超えると管理者宛に通知が送られます。ネットワーク機器やサーバーが故障せず稼働しており、死活監視では異常がなくても、応答が著しく遅い場合は業務に支障が発生するでしょう。性能監視はそのような状態の検知に有効です。

サーバー導入当初は快適に使用できていたものの、利用者が増加してCPUやメモリなどのリソースが不足して処理が追いつかず、応答が遅くなっていくという状況が発生する可能性もあります。一部の性能低下が原因で全体の性能を下げてしまっている箇所を**ボトルネック**と呼びます。「ボトルの中にたっぷり水が入っていても、ボトルの首が細ければ一度に出せる水の量は少なくなってしまう」という状態を想像してみてください。システム全体の性能を改善するには、ボトルネックがどこかを正しく把握する必要があります。

各サーバーのリソース使用状況を取得して随時確認していれば、Webアプリケーションの応答が遅いといった場合にもすぐに対応できます。データベースサーバーのリソースには余裕があり、WebサーバーのCPU使用率が高くなっている場合は、Webサーバーの台数を増やして処理を分散させることでWebアプリケーションのボトルネックを解消できる可能性があります。

性能監視を実施することで、負荷の上昇を検知できるだけでなく、ボトルネックを把握できるので、どこを増強すれば改善するかの判断材料にもなり得ます。

死活監視や性能監視は絶えず実行する必要があり、担当者が手動で実行するわけにもいかないので、定期的に監視を実行してくれる監視ツールを用います。インストール型のOSSの監視ツールには、Zabbix、Nagios、Cactiなどがあります。最近ではDatadogやMackerelなどクラウド型の監

図 Zabbixの監視画面

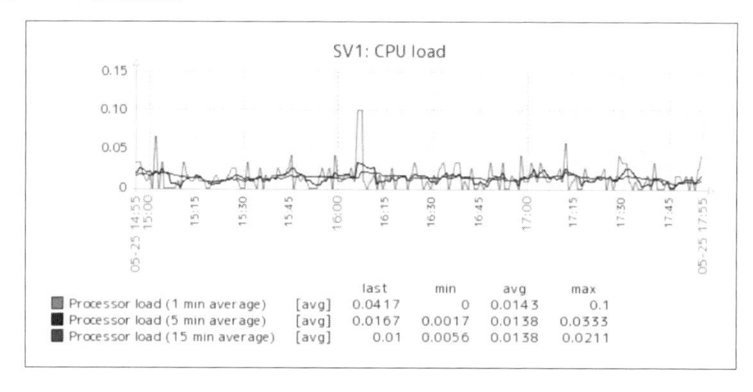

視ツールも増えてきています。

保守

ネットワーク機器やサーバーを購入した場合は、故障時に迅速に対応できるように各メーカーの保守サービスへの加入を検討しましょう。パソコンと同様に、サーバーやネットワーク機器も「購入後1年間」など期限付で無償の修理サービスを提供していることが多いです。しかし、サーバーやネットワーク機器は4〜5年ほどの長期にわたって使用することも多く、保守サービスに加入しておかなければ無償の保守期間が終わった後に機器が壊れた場合、新たに機器を購入して構築し直す必要があります。

保守サービスは、機器故障時の物理的な対応を行ってもらうためのハードウェア保守と、ドライバやソフトウェアの不具合調査や修正版を提供してもらうためのソフトウェア保守に大きく分かれます。

機器の販売や保守サービスの提供を行う業者を**ベンダー**と呼ぶこともあります。ハードウェア保守に加入している場合は、ベンダーが現地にエンジニアを派遣して修理対応を行うオンサイト保守や、ベンダーが代替機を保守契約者に送付して利用者が故障機を返送するセンドバック保守などのサービスを受けられます。保守サービスに加入していない場合は、機器購入や再構築が必要になるので、復旧までにかなりの日数が必要になることもあります。ハードウェア保守サービスは内容や対応時間によってさまざまな選択肢が用意されているので、対象の機器の重要度と費用のバランスを考慮しながら検討しましょう。

また、各機器には**EOL（End of Life）**や**EOSL（End of Service Life）**と呼ばれる保守サービス期限を設けられていることが一般的です。ベンダーも修理パーツやソフトウェアアップデートを永続的に続けることはできないので、販売終了から数年後にEOSLが設定されていることが多いです。EOSLを迎えた場合は、保守サービスに加入していても修理が受けられないので、古い機器や中古の機器を購入する場合は、EOL・EOSLについても確認が必要です。保守サービスや保守サービス期限の名称はメーカーによって異なるので、各メーカーのWebサイトで確認してください。

EOLやEOSLが近づいた機器は、期日を迎える前に交換（リプレースと呼ぶこともあります）や移行を実施しましょう。

運用体制

ここまで社内インフラの可用性と信頼性を高めるしくみについて解説しましたが、それらのしくみを適切に運用できる人員の体制についても考慮する必要があります。IT担当者がひとりだけで、サーバー障害やネットワーク障害に対応できるのがその人だけだった場合、外出時や休暇時に障害が発生すると復旧までに時間がかかってしまうリスクがあります。不慮の事故や急な退職などで引き継ぎもできないまま不在になってしまうと、サーバーへのログイン情報すらわからず、何も対応できなくなってしまうかもしれません。機器だけでなく、人員の可用性も高める必要があります。

インフラの構築管理をすべて外注でまかなう方法もあるかもしれませんが、それ相応の費用が発生するでしょう。システムや機器の導入には、購入費用や構築費用だけでなく、保守費用や運用のための人件費などを含めた**TCO（Total Cost of Ownership）**を考慮して検討すべきです。特に小規模な企業の場合は、自社でサーバーやシステムを所有するよりも、クラウドサービスを活用した方が可用性も信頼性も上がり、TOCを削減できることが多いです。クラウドサービスについては第4章で改めて解説しますので、そちらも参考にしてみてください。

▶テレワークに適した構成

社長がテレワークを導入していきたいらしいんですが、事前に検討すべきことってありますか?

テレワークのためには、場所に依存せずに仕事ができる環境を用意しないとね。まずパソコンはデスクトップだと持ち運びが大変なので、可能な限りノートパソコンを用意しておこう。
次に業務システムはクラウドを活用して、なるべく社内にサーバーは持たない方がいいね。社内に業務システムがあるとVPNを使わなければ社外からアクセスできないので、VPNの導入や運用保守が必要になり、僕たち二人体制では厳しそうだね。

たしかにVPNに障害が発生すると、僕たちで復旧するまで業務が停まってしまいますもんね。

ただしクラウドは不正アクセスの標的になりやすいので、アカウントや認証方法の管理は入念に設計しておかないとね。

そうですね。まずは社内のデスクトップパソコンを少しずつノートパソコンに交換して、社内のサーバーもクラウドに移行していきましょうか。

参考図書

「ネットワークがよくわかる教科書」
福永 勇二（著)、SBクリエイティブ、2018年、ISBN：978-4797393804

「図解まるわかり サーバーのしくみ」
西村 泰洋（著)、翔泳社、2019年、ISBN：978-4798160054

第3章

情報セキュリティを強化する

3.1 情報セキュリティとは

テレビやWebのニュースで、一度はサイバー攻撃によるセキュリティ事故について耳にしたことがあるのではないでしょうか。セキュリティ事故が発生すると損害賠償や弁護士・裁判の費用だけでなく、企業の信頼が失墜することにより収益に大きな影響を与え、最終的に倒産にまで追い込まれる可能性もあります。本節では、情報セキュリティで具体的に何をどう守るのか解説します。

情報セキュリティの考え方

情報セキュリティという言葉はさまざまな場面で使用されており、受け取る人やシーンによって捉え方が異なります。エンジニアであれば開発している製品のセキュリティ上の欠陥（**脆弱性**）を最初に思い浮かべるかもしれませんし、経営者であれば情報漏洩を思い浮かべるかもしれません。どちらも正解であり、本章で解説するセキュリティ対策も、社内セキュリティという点でほんの一部でしかありません。具体的な情報セキュリティ対策の話に入る前に、「何を守るのか」という対象を明確にしておきましょう。

守るべき情報資産

情報資産とは企業が保有する「資産として価値のある情報」を指します。従業員の個人情報や顧客情報、財務情報はもちろん、技術情報も場合によっては守るべき情報資産となるでしょう。

・契約書や取引先の情報
・顧客の連絡先やクレジットカード情報
・自社で開発したサービスのソースコード（プログラム）
・従業員の住所や家族構成、マイナンバーなどの情報
・企業の事業方針や経営計画

このような守るべき情報資産が漏洩した場合は、企業イメージ・企業価値の低下につながり、企業に大きな損失を招く可能性があります。情報資産に悪影響を及ぼす可能性のことを**リスク**と言い、その要因を**脅威**と言います。

リスクも脅威もゼロにすることは不可能なので、いかに減らすことがで

きるかが情報セキュリティの目的です。IPA（Information-technology Promotion Agency）※1では、情報資産を守るための情報セキュリティについて以下のように定義しています。

正当な権利をもつ個人や組織が、情報やシステムを意図通りに制御できる性質※2

この定義を満たすためには、情報セキュリティの3要素をバランスよく維持し、自社に合ったリスクアセスメント（後述）手法の整備・確立が必要です。

情報セキュリティの3要素

情報セキュリティ対策を講じるにあたって、満たすべき要素を「情報セキュリティの3要素」と言い、**機密性（Confidentiality）**・**完全性（Integrity）**・**可用性（Availability）**を指します。それぞれの頭文字をとって「情報セキュリティのCIA」とも言います。

表 情報セキュリティの3要素

要素	説明
機密性	アクセスを許可されたものだけが情報にアクセスできる
完全性	情報が正確であり完全である
可用性	許可されたものが必要なときに情報にアクセスできる

この3要素のいずれかを満たせばいいと言うわけではありません。可用性は満たしているが完全性は満たしていない（＝アクセスした情報が正確でない）といった状態では意味がなく、情報資産を守るためにはこの3要素は偏ることなく、バランスよく満たす必要があります。

※1　独立行政法人情報処理推進機構

※2　「JISQ27000:2019 情報技術 情報技術−セキュリティ技術−情報セキュリティ マネジメントシステム−用語」より引用

また、3要素に以下の4要素を加え「情報セキュリティの7要素」※3と言われることがあります。

表 情報セキュリティの7要素

要素	説明
真正性（Authenticity）	人や情報がなりすましでなく、正確であること
責任追及性（Accountability）	ある動作が誰によって行われたか追跡可能であること
信頼性（Reliability）	矛盾なく動作と結果が一致すること
否認防止（Non-repudiation）	発生した事象を証明でき、後になって否認されないように証明すること

リスクアセスメントとリスク対応

リスクアセスメントとは、情報資産を対象に**リスク特定**、**リスク分析**、**リスク評価**を網羅する全体のプロセスのことです。情報セキュリティにおけるリスクアセスメントは、具体的にどのような流れで取り組めばいいのか解説していきます。

図 リスクアセスメントとリスク対応

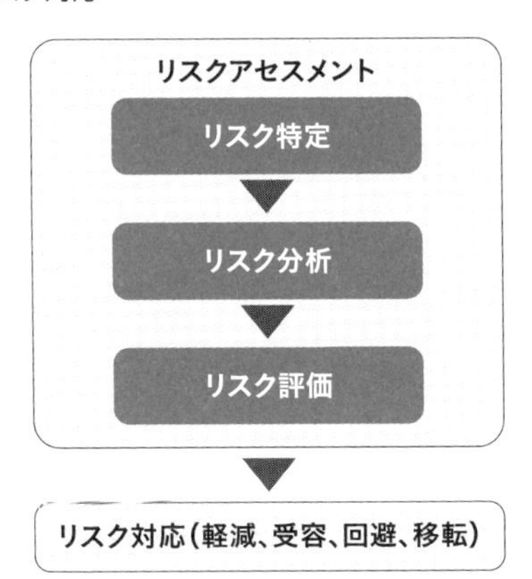

※3 「情報セキュリティの6要素」の場合、否認防止は責任追及性に含めます。

▶リスク特定

「リスク特定」では、会社が保有する情報資産とそれらの機密性、完全性、可用性が損なわれるリスクを洗い出します。また、保管場所や主管部署、記録媒体も合わせて書いておくとよりわかりやすいでしょう。

表 リスク特定の例

業務	情報資産	脅威
従業員の入社	入社誓約書（紙）	持ち出し、紛失による情報漏洩
	雇用契約書（電子データ）	不正アクセスによる情報の改ざん、盗難
	人事システム	不正アクセスによる情報の改ざん、漏洩

▶リスク分析

「リスク分析」は特定したリスクに対して重大度や発生頻度、影響範囲を分析することでリスクの大きさを推定します。リスク分析を行うことで、洗い出した情報資産とリスクに対して適切な対策が講じられているかが明確になります。リスク分析にはさまざまな手法があり、担当者の知識や経験、かけられる時間や費用などによって自社に合った手法を選択することが大切です。

表 代表的なリスク分析手法

手法	説明
ベースライン アプローチ	目標とするセキュリティ基準（ベースライン）をチェックリストのような形式で作成し、分析する
非形式的アプローチ	内部の有識者や外部の専門家の経験、知識によって分析する
詳細リスク分析	情報資産の価値、脅威、脆弱性などによってリスクを分析する
組み合わせ アプローチ	複数の手法を組み合わせてリスクを分析する ベースラインアプローチで簡易的な分析を行い、リスクが大きい情報資産に対してはさらに詳細リスク分析を行うことが多い

▶リスク評価

「リスク評価」では、「リスク分析」で把握できたリスクに対して評価を行います。なお、以降はIPAが公開している『中小企業の情報セキュリティ対策ガイドライン』※4に基づいて解説します。

情報資産の重要度は、機密性、完全性、可用性の評価値をもとに、それぞれを0〜2の3段階で評価し、事業への影響を数値化します。

表 機密性・完全性・可用性の評価値

	評価値	評価基準
機密性	2	・個人情報など法律で安全管理が義務付けられている ・取引先との非公開情報など守秘義務の対象であり、漏洩すると取引先や顧客に大きな影響がある ・自社の技術情報など漏洩すると自社に深刻な影響がある
	1	・見積書や注文書などの仕入れ情報で漏洩すると事業に大きな影響がある
	0	・自社の公開情報など漏洩しても事業にほとんど影響がない
完全性	2	・個人情報など法律で安全管理が義務付けられている ・取引先の会計情報や口座情報など改ざんされると自社、取引先に大きな影響がある
	1	・自社の会計情報、契約情報など改ざんされると事業に大きな影響がある
	0	・古いカタログデータなど改ざんされても事業にほとんど影響がない
可用性	2	・取引先や顧客に提供しているサービスなど利用できなくなると自社、取引先に大きな影響がある
	1	・商品やサービスに関するコンテンツなど利用できなくなると事業に大きな影響がある
	0	・古いカタログデータなど利用できなくなっても事業にほとんど影響がない

表 重要度の判断基準

判断基準	重要度
機密性・完全性・可用性評価値のいずれかまたはすべてが「2」の情報資産	2
機密性・完全性・可用性評価値のうち最大値が「1」の情報資産	1
機密性・完全性・可用性評価値すべてが「0」の情報資産	0

※4　中小企業の情報セキュリティ対策ガイドライン（第3版）　https://www.ipa.go.jp/files/000055520.pdf

次にその情報資産に対する脅威を特定し、その脅威の発生頻度を3段階で評価します。

表 脅威の判断基準

評価	程度	説明
3	高	通常の状況で脅威が発生する（いつ発生してもおかしくない）
2	中	特定の状況で脅威が発生する（年に数回程度）
1	低	通常の状況で脅威が発生することはない

続いて脆弱性の評価をします。特定した脅威に対する対策を講じられているか、その対策内容を3段階で評価します。

表 脆弱性の判断基準

評価	程度	説明
3	高	対策を実施していない
2	中	部分的に対策を実施している
1	低	必要な対策をすべて実施している

これまで評価した脅威の発生頻度と脆弱性から情報資産に対して被害が発生する可能性を算出します。

表 被害発生可能性換算表

		脆弱性		
		3	2	1
脅威	3	3	2	1
	2	2	1	1
	1	1	1	1

分析したリスクの重要度、脅威、脆弱性から以下の計算式によってリスク値を算出します。

リスク値＝情報資産の重要度×被害発生可能性

これらの値をまとめると、以下のような表が完成します。

表 詳細リスク分析結果

業務	情報資産	資産価値				脅威		脆弱性		被害発生可能性	リスク値
		機密性	完全性	可用性	重要度	内容	評価	内容	評価		
従業員の入社	入社誓約書（紙）	1	2	1	2	持ち出し、紛失による情報漏洩	2	担当者のデスクに放置されている	3	2	4
	雇用契約書（電子データ）	2	2	1	2	不正アクセスによる情報の改ざん、盗難	1	アクセスできる権限を最小にしている	2	1	2
	人事システム	2	2	2	2	不正アクセスによる情報の改ざん、漏洩	1	人事部しか情報を変更することができず、ログイン時の二要素認証を義務付けている	1	1	2

リスク値に対してリスク評価基準を用意し、比較することで、どこまでのリスクを受容し、いくつ以上は対策を講じるのか数値によって判断できるようにします。リスク評価が完了した後は、評価したリスクに対してどのような対応を実施するのか決めます。これをリスク対応と呼び、以下の4つの方法があります。

表 リスク対応の4つの方法

リスク対応の方法	説明	例
リスクの軽減	リスクの発生頻度を減らす、影響範囲を小さく抑える	パソコンの紛失や盗難による情報漏洩防止のためハードディスクを暗号化する
リスクの受容	対応が難しい、対応に要するコストが見合わない、優先度が低い場合などにリスクを受け入れる	高度なセキュリティ製品を導入したいが、発生頻度に対してコストに見合わないため現状のセキュリティ製品のままにする
リスクの回避	リスクの発生源を止める、取り去る	情報漏洩防止のため外部記憶メディアの持ち込み、持ち出しは禁止とする
リスクの移転	保険や業務の委託などによりリスクを他に移す	システムの運用・保守を外部に委託し、セキュリティ事故に対する補填を契約内容を含める

今回紹介したリスクアセスメントはあくまで手法の1つなので、自社に適した内容にアレンジしても構いません。リスクアセスメントとリスク対応を継続的に実施することが重要です。

3.2 マルウェアの脅威と対策

ここまで情報セキュリティの考え方について学んだので、ここからは具体的なリスクとそれらの対策手法について解説していきます。今では多くの機器がインターネットに接続され、さまざまな場所で利用されています。企業もその場所の1つであり、多くの機器にマルウェアの感染リスクがあります。本節ではネットワークに接続する機器にとって脅威となるマルウェアについて解説します。

マルウェアの種類と特徴

マルウェア（Malware）とはMalicious（悪意のある）とSoftware（ソフトウェア）を組み合わせた言葉で、悪意を持って作られたプログラムの総称です。マルウェアによって引き起こされる被害はさまざまで、OSが破損・破壊されて正常に動作しなくなることもあれば、何も被害がないように見えてもWebブラウザの閲覧履歴やキーボードで入力したパスワードなどを盗まれることもあります。また、気づかないうちに自分のパソコンがマルウェアにより攻撃者の踏み台とされて悪事に利用されることもあり得ます。

マルウェアには多くの種類があります。「人を困らせるのが楽しい」「世の中を騒がせたい」といった愉快犯的な理由で作られたマルウェアや金銭を得ることを目的としたマルウェアなど、マルウェアが作成される動機もさまざまです。マルウェアは特徴によっていくつかの種類に分類されます。

表 マルウェアの種類と特徴

種類	特徴
コンピューターウイルス	・ファイルやプログラムに寄生し、本来の挙動を改変する ・他のファイルにさらに感染して増殖する
ワーム	・ファイルやプログラムに寄生しない独立型のマルウェア ・自己増殖してLAN内の他のパソコンに感染する
トロイの木馬	・安全なアプリケーションに偽装し、利用者のインストールによりパソコンに侵入する ・侵入後は攻撃者からの踏み台（バックドアとも呼ばれる）として利用される ・自己増殖はしない
スパイウェア	・パソコンに入力された情報や送受信したデータの中から個人情報や機密データを盗み出す
ランサムウェア	・感染したパソコンを暗号化などで使用不可能な状態にし、元に戻す代わりに金銭などを要求する

マルウェアの感染経路

マルウェアは何もないところから急に湧いて出てくるわけではありません。多くの方が取引先とメールをやりとりし、Googleドライブなどのクラウドストレージや USB メモリなどの記憶媒体を使ったデータの受け渡しをした経験はあるのではないでしょうか。調べものをするのに頻繁にWebサイトを利用することもあるでしょう。こういったさまざまな企業活動には常にマルウェアの感染リスクがあります。以下にマルウェアの主な感染経路を挙げます。

表 マルウェアの主な感染経路

感染経路	感染例
メール	覚えのない宛先から届いたメールに添付されているファイルをダウンロード、実行してマルウェアに感染していた
Webサイト	悪意のあるWebサイトにアクセスし、知らない間にマルウェアがダウンロードされていた（ドライブバイダウンロード）
外部記憶媒体	友人から借りたUSBメモリにマルウェアが潜んでおり、知らずに利用して感染していた
ファイル共有	クラウドストレージで共有されたファイルにマルウェアが含まれていた

エンドポイントセキュリティ

ここまでマルウェアの種類と特徴、感染経路について解説してきました。それでは、IT担当者としては具体的にどのような対策をするべきなのでしょうか。

1つの方法としてはエンドポイント（パソコンやサーバー、スマートフォンなど利用者のデバイス）でのセキュリティ対策です。一般的には**アンチウイルス製品**をパソコンにインストールしてマルウェアからパソコンを守ります。アンチウイルス製品の多くはパターンファイル（＝マルウェアの情報が定義されたファイル）を参照し、一致したファイルをマルウェアとして検知するパターンマッチングというしくみを用います。パターンファイルは利用者が更新する必要はなく、製品を提供している会社のデータベースからインターネット経由で自動でアップデートされます。代表的なアンチウイルス製品にはWindows Defenderやウイルスバスター、McAfee MVISIONなどが挙げられます。

パターンマッチングを用いたアンチウイルス製品では、パターンファイルが更新されてパソコンに反映されるまでにタイムラグがあること、パターンファイルに定義されていない未知のマルウェアを検知できないという欠点があります。その欠点を克服した**NGAV（Next Generation Antivirus）**や**EDR（Endpoint Detection and Response）**と呼ばれる、振る舞い検知や機械学習・AIにより未知のマルウェアに対応できる高度な製品が近年増えてきています。

これらはインストールされているパソコンのあらゆるプログラムを監視し、不審な動きを検知したらすぐに管理者に通知したり、プログラムを停止させたりする機能があります。不審な挙動をしたプログラムを検知するだけでなく、パソコンをネットワークから隔離したり、遠隔操作による対応と調査、時系列で振る舞いを確認できたりと素早く初動対応ができます。NGAV・EDRの代表的な製品として、Windows Defender Advanced Threat Protection、CrowdStrike Falcon、Cybereason EDRなどが挙げられます。

脆弱性対応

「1.4 OS」でもふれましたが、OSやソフトウェアを脆弱な状態で使用し続けるとマルウェアに感染するリスクも高くなります。脆弱な状態とは、脆弱性（プログラム上の問題や欠陥）が存在している状態で、脆弱性を利用されてマルウェアに感染する可能性もあります。もし従業員が利用しているOSやアプリケーションに脆弱性が発覚した場合は直ちにアップデートしましょう。脆弱性のないアプリケーションはほぼ存在せず、脆弱性が発覚した場合はベンダーによる更新プログラムの提供を待つしかありません。脆弱性を放置しないためにも、脆弱性情報の収集が大切です。

脆弱性の情報は主に以下の方法で入手できます。

- **ベンダーや代理店のサポート情報**
  製品購入の際に登録した担当者情報宛に、製品の障害情報、アップデート情報などが届く場合があります。
- **JVN（Japan Vulnerability Notes）**
  IPAとJPCERT/CC[※5]が運営する脆弱性対策情報サイトです。さまざまなソフトウェアの脆弱性情報がまとめられており、影響範囲、対策方法などを参照できます。

社内で利用しているアプリケーションを把握しておき、脆弱性が発覚したら、すぐ利用者にアップデートの連絡ができるようにしておきましょう。

マルウェア感染の疑いがある場合

マルウェア対策を行ったからといって絶対にマルウェアに感染しないとは言い切れません。ウイルス対策ソフト[※6]がマルウェアを検知しても、駆除に失敗する場合もあります。万が一マルウェアに感染してしまった疑いがある

※5　一般社団法人 JPCERT コーディネーションセンター

※6　本書では、アンチウイルス製品、NGA、EDR などエンドポイントセキュリティ製品を「ウイルス対策ソフト」と呼びます。

端末が発生した場合は、被害を広げないためにも以下に挙げる項目の迅速な対応が必要です。

- 感染拡大を防ぐため感染の疑いのある端末をネットワークから隔離
  Wi-Fiをオフにする
  LANケーブルを抜く
- 感染経路の調査
  「不審なメールの添付ファイルを開かなかったか」「怪しいWebサイトを訪問したか」など心当たりはないかヒアリングする
  ウイルス対策ソフトのログから不審な動きがないか確認
- 感染が拡大していないか調査
  感染経路が特定できた場合は、同じ感染源（メールやWebサイトなど）にアクセスした端末が他にないか調査する
- ウイルス対策ソフトで、感染した疑いのある端末内のスキャンを実施
- 感染した疑いのある端末でマルウェアを検出できなかった場合は、念のため工場出荷時の状態に戻す（初期化）

「パソコンの挙動がおかしい」「知らないアプリケーションが動いている」など違和感を感じたり、「怪しいファイルを開いてしまった」などマルウェアに感染した疑いがある場合は、すぐに状況を把握し、対応を行う窓口を明確にし、連絡体制を整えておくことが大事です。連絡体制図、対応フローを用意し、周知しておくことで万が一のときの対応が迅速になります。「マルウェア感染の可能性を報告すると怒られる」といった恐れから隠そうとする心理的安全性の低い環境を作らないことも大切です。

website
mail
USB Memory
IT

3.3 不正アクセスの脅威と対策

代表的なサイバー攻撃の1つに不正アクセスがあります。大企業や特定の業界だけでなく、あらゆる組織が対象になり、その被害は後を絶ちません。
本節では不正アクセスとその脅威、対策について解説します。

不正アクセスの種類と特徴

不正アクセスとは、あるシステムに対してアクセスする権利を持たない人物（攻撃者）が不正にアクセスする行為のことです。不正アクセス禁止法では、以下の図のいずれかに該当するネットワーク経由の行為を不正アクセスと定義しています。

図 他人のIDやパスワードを利用してシステムに侵入する行為（なりすまし）

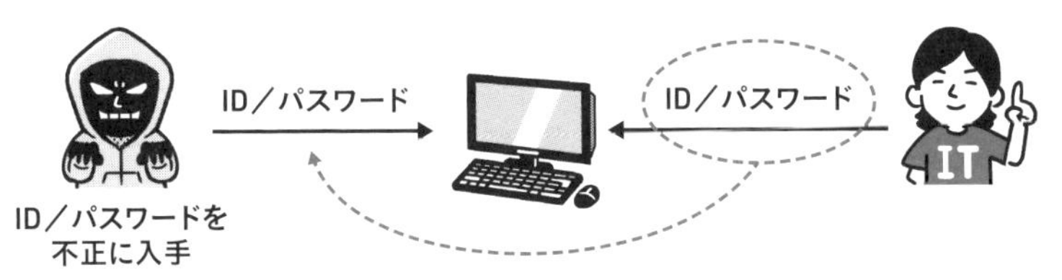

図 脆弱性を利用してアクセス制御（認証）を回避してシステムに侵入する行為

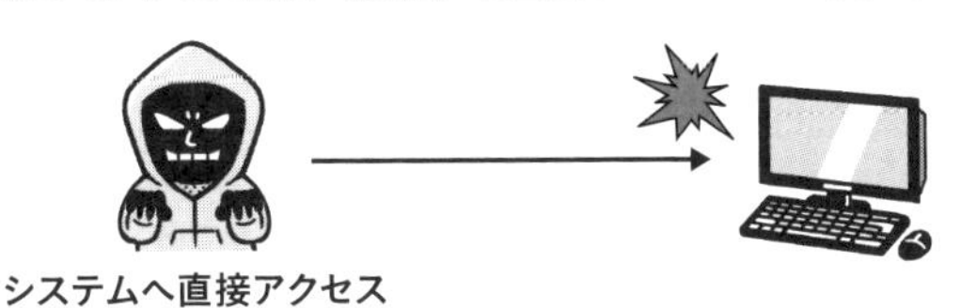

図 システムへのアクセスを許可されたネットワークにある機器を利用しアクセス制御（認証）を回避してシステムに侵入する行為

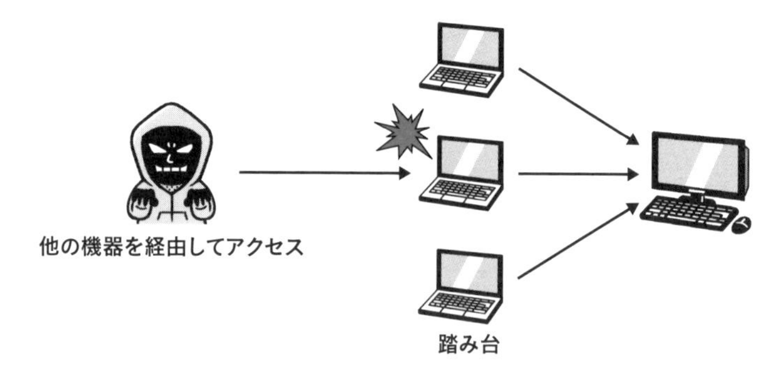

「SNSのアカウントを乗っ取られた」という話を聞いたことはないでしょうか。これも何らかの手法で認証を突破された不正アクセスの一種です。代表的な攻撃手法と対策を以下の表にまとめます。

表 不正アクセスの代表的な攻撃手法と対策

攻撃手法	攻撃内容	対策
総当たり攻撃（ブルートフォースアタック）	考えうるIDとパスワードのパターンを試してパスワードを特定する攻撃	・パスワード要件を「英大文字小文字＋数字＋記号混じりで10桁以上」に設定※7 ・二要素認証（後述）の設定 ・ログイン失敗によるアカウントロックの設定
リスト型攻撃（パスワードリスト攻撃）	攻撃者がなんらかの方法で入手した（漏洩した）IDとパスワードのセットをさまざまなシステムで試みる攻撃	・パスワードの使い回しをしない ・二要素認証の設定
SQLインジェクション	Webアプリケーションの入力フォームなどにSQLを流し込み、想定外の挙動を引き起こす攻撃	・プログラムの修正（入力チェックなどの実装） ・WAF（後述）の導入
クロスサイトスクリプティング（XSS）	Webアプリケーションなどにスクリプトを挿入（送信）し、想定外の挙動を引き起こす攻撃	・プログラムの修正（入力チェックなどの実装） ・WAFの導入
ディレクトリトラバーサル（パストラバーサル）	Webアプリケーションなどに相対パス（ファイルの場所を示す記述方式）を含む情報を送信し、非公開のファイルにアクセスする攻撃	・プログラムの修正（入力チェックなどの実装） ・WAFの導入

※7 NISC 内閣サイバーセキュリティセンター（National center of Incident readiness and Strategy for Cybersecurity）発行の『インターネットの安全・安心ハンドブック』より https://www.nisc.go.jp/security-site/files/handbook-all.pdf

パスワードポリシーと多要素認証

　不正アクセスへの対策として、真っ先に検討したいのがパスワード管理です。そのためには、従業員に対してパスワードの取り扱いや推奨設定を定めたガイドラインである**パスワードポリシー(＝パスワード要件)**を作成し、社内に公開しましょう。例えばパスワードを数字のみの4桁で設定した場合は10×10×10×10で最大でも10,000通り試せば突破でき、強固なパスワードとは言えないでしょう。しかし、数字の他に英字の大文字小文字を使用できるとしたら、62×62×62×62＝14,776,336通りになります。記号を使用できるようになれば、組み合わせはさらに増えます。このように、パスワードに使用する文字数や文字種を増やすことでパスワードは強固になります。長く複雑なパスワードを設定しておくことは、前述した総当たり攻撃に対して有効な対策の1つです。

　このようにパスワードは長く複雑であるほど強固になりますが、利用者に委ねるとどうしても簡単で覚えやすい（＝予測されやすい）パスワードを設定してしまいます。システムによってはパスワードポリシーにより最低文字数や複雑さ（記号を必須にするなど）を強制することもできるので、可能であれば設定しておくといいでしょう。

表 パスワードポリシーの例

ポリシー	実施対象	ポリシーの例
パスワードの最低文字数	個人／システム	パスワードは10文字以上とする
パスワードの複雑さ	個人／システム	パスワードには英大文字・英小文字・数字・記号の4種類の文字を必須とする
パスワードの使い回し	個人	他のシステムで設定しているパスワードを使わない
ログイン失敗によるアカウントロック	システム	5回連続してログインに失敗した場合はアカウントをロックして使用不可とする

　パスワードはシステムごとに異なるものを設定する方がいいでしょう。強固なパスワードを設定していても、万が一いずれかのシステムが攻撃を

受けてパスワードが流出してしまった場合、他のシステムに同じパスワードを使って芋づる式に不正アクセスの被害に遭う可能性があるからです。パスワードの使い回しはシステムでは判断できず利用者に委ねられてしまうため、危険性が伝わるように具体的な被害の事例を挙げながら定期的に周知していく必要があります。

総当たり攻撃の対策として、既定の回数ログインに失敗すると強制的にアカウントをロックしてログイン不可にするアカウントロックというしくみがあります。アカウントロックはシステムによっては実装されていないこともありますが、機能が備わっているのであればなるべく設定した方がいいでしょう。失敗回数をあまりに少なくするとタイプミスなどでもすぐにアカウントロックされてしまい、システム管理者に連絡して解除をしてもらう必要があり、業務に支障をきたすこともあります。従業員のリテラシーを考慮して、最適な回数を検討しましょう。

最近では、IDとパスワードによるパスワード認証にさらに認証要素を増やした**多要素認証**が主流になってきています。多要素認証には以下の表の3種類の要素を使用します。また、文字通り2つの要素で認証することを二要素認証と言います。

表 認証要素の分類

要素	説明	例
知識要素	利用者が知っている要素	ID/パスワード PIN(スマートフォンのパスコードなど) 秘密の質問
所持要素	利用者が所持している要素	メールアドレス(メール認証) 電話番号(SMS認証) 認証用アプリ ワンタイムパスワード 認証用のトークン(USBキーなど)
生体要素	利用者自身に備わっている要素	指紋 顔 虹彩

以下は多要素認証の例です。

・例1：パスワード＋SMS認証＝知識要素＋所持要素
・例2：パスワード＋指紋認証＝知識要素＋生体要素

前述のリスト型攻撃では、漏洩したIDとパスワードを利用して不正アクセスを試みますが、多要素認証を設定していれば攻撃者はIDとパスワードの他に何らかの認証要素を求められるため、不正アクセスを防げる可能性は高いです。スマートフォンの普及によりIDとパスワードの他にSMS認証（携帯電話の電話番号に認証コードを送信する）やアプリ認証（Google Authenticatorなどのスマートフォンアプリで認証コードを生成）など所持要素の設定を必要とするシステムが多いです。

パスワードポリシーや多要素認証の設定は利用者の判断に委ねずシステムで強制するのが好ましいですが、システム上で設定できないこともあります。パスワードポリシーを会社として定めておき、情報セキュリティポリシー（「3.5 情報セキュリティポリシーの制定と運用」で解説）に含めて従業員に周知しておきましょう。

ファイアウォール

ここまでパスワードなど利用者でも実施できる不正アクセス対策について解説しましたが、ここからはネットワークによる不正アクセス対策を解説します。**ファイアウォール（Firewall）**は防火壁という意味で、外部の攻撃から内部（社内）を守るためのセキュリティ機能です。許可された通信のみ通過し、それ以外の通信は遮断することで、外部からの攻撃を防ぎます。

図 ファイアウォール

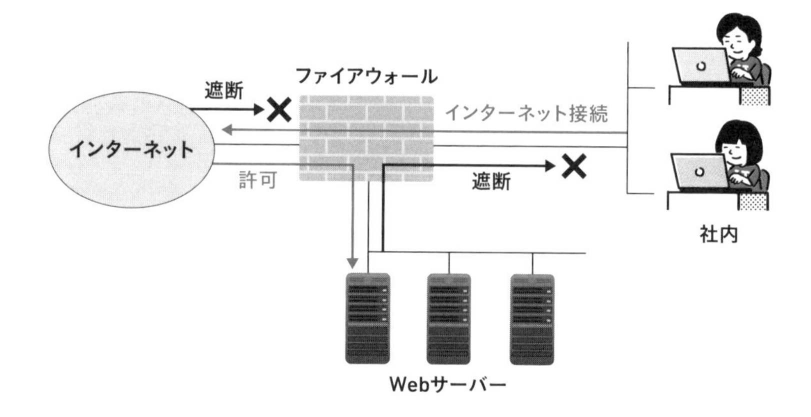

ファイアウォールの代表的な製品としては、FortiGateやPalo Alto Networks社のPAシリーズ、Juniper SRXシリーズなどが挙げられます。このようなファイアウォールに特化した製品もありますし、ルーターの機種によっては簡易的なファイアウォール機能が備わっている場合もあります[注8]。

ファイアウォール製品の機能はネットワーク・アクセス制御の他にもWebフィルタリングなどさまざまです。事前に必要な機能をまとめ、各製品の仕様を確認し、オプションと照らし合わせて製品をいくつかピックアップしていきましょう。ある程度の前提知識（何ができるのか、競合製品、費用など）が得られたら、各ベンダーに問い合わせすることをお勧めします。そして細かい仕様、他社製品との違いを聞くとともに、現状の課題ややりたいことを伝え、導入の流れや手順など可能な限りサポートしてもらえるように相談してみましょう。選定から導入までの流れについては後述するIDS/IPS、WAFについても同じことが言えます。

※8 中小規模向けのルーターではファイアウォール機能として条件に一致したパケットのみ通過させる静的フィルターや必要に応じて通過させる動的フィルター、不正アクセスを検知する機能もあります。詳しくは代理店、販売会社にお問い合わせください。

IDSとIPS

IDS（Intrusion Detection System）は不正侵入検知システムを指し、不正アクセスがあった場合に検知し、システム管理者に通知します。一方、**IPS（Intrusion Prevention System）**は不正侵入防止システムを指し、IDSのような検知だけでなく、検知した不正アクセスの遮断などの防御までを行います。

このように聞くと「IPSがあればIDSは必要ないんじゃないか？」と思われるかもしれませんが、IPSが業務上必要な通信を不正な通信として誤検知して遮断してしまい、業務に影響が発生してしまう可能性があります。誤検知を減らすには、IPS導入後に運用しながらチューニングしていく必要がありますが、誤検知が発生して突然通信が遮断された場合の業務影響が大きいようであればIDSの方が適しているかもしれません。

IDS/IPSは、OSやWebサーバーに対する攻撃を防御対象として、DoS攻撃[注9]やDDoS攻撃[注10]などの攻撃から内部ネットワークを守ります。

WAF

Webアプリケーションを外部の攻撃から守るのが**WAF（Web Application Firewall）**です。SQLインジェクションやクロスサイトスクリプティングなどのWebアプリケーションの脆弱性に対する攻撃はファイアウォールやIDS/IPSでは防ぐことはできず、WAFを導入する必要があります。WAFの多くはシグネチャという攻撃を識別するためのルールを参照して検知するしくみを用いてWebアプリケーションを守ります。シグネチャにない攻撃はブロックすることができませんので、シグネチャが古いままにならないようアップデートすることが大切です。

Webアプリケーションに脆弱性が見つかると攻撃を受けるリスクは高ま

※9　Denial of Service Attack：サーバーに大量のデータを送り負荷をかけてダウンさせる攻撃。
※10 Distributed Denial of Service attack：マルウェアなどで乗っ取った複数の端末からDoS攻撃を仕掛け、通常のDoS攻撃よりも大きな負荷をかける攻撃。

ります。脆弱性が存在しないシステムを維持することは困難なので、WAFのようなしくみを導入することは有効な対策の1つと言えます。WAFの導入形態としては大きく以下の3つが挙げられます。

- ネットワーク型
  アプライアンス型とも呼ばれ、ネットワーク機器を設置する形態
- ホスト型
  ソフトウェア型とも呼ばれ、Webサーバーにソフトウェアとしてインストールする形態
- クラウド型
  物理的な機器やソフトウェアのインストールは不要でクラウドサービスとして提供される形態

導入形態によってはベンダーにさまざまなネットワーク情報を提供しなければならなかったり、運用開始に向けてシグネチャやその他初期設定を決めていかなければなりません。導入後、うまく活用していくためにもベンダーにどこまでサポートしてもらえるのか確認しておきましょう。

図 ネットワーク上の不正アクセスと防御方法

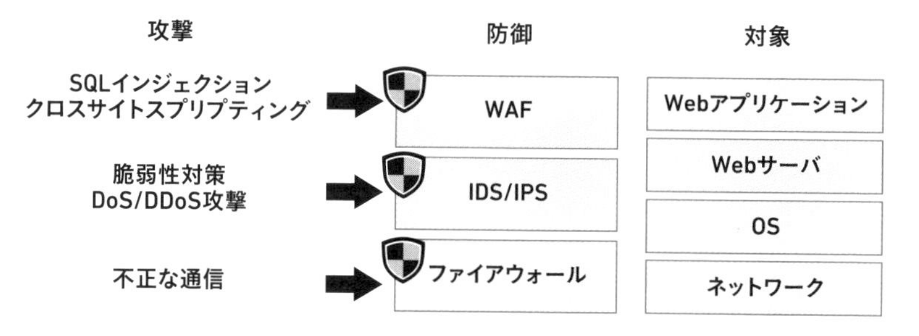

3.4 アカウント管理と権限

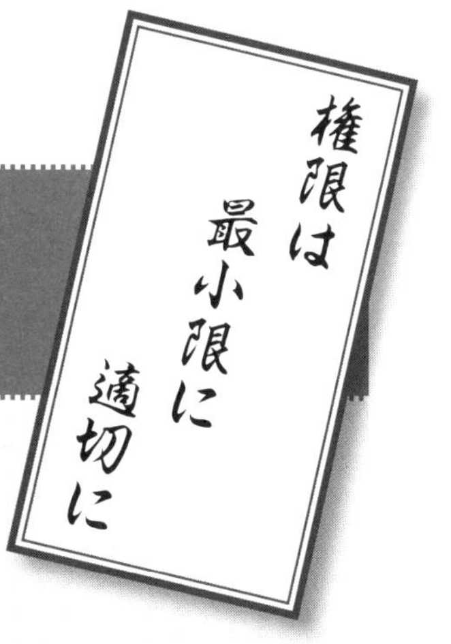

ここまで、社外からの不正アクセスへの対策を学んできましたが、内部不正への対策も必要です。社内で利用しているシステムのアカウントはどのように管理するのが適切なのか学んでいきましょう。多くの企業がさまざまなシステムを業務に活用している現代では、1人が複数のアカウントを持つことが当たり前です。これらのアカウントについて、組織としてどのように管理し、リスクに対してどのように対策すべきなのか解説していきます。

アカウント管理の必要性

アカウントとはシステムにログインし利用するための権利です。また、アカウントには、ユーザーを識別するIDごとにパスワードを設定します。これをシステム上で照合することで、パソコンやWebサービスを利用できるようになります。

図 App Storeのログイン画面

App Storeからダウンロードするにはサインインしてください。
Apple IDをお持ちの場合は、ここでサインインしてください。iTunes Storeや iCloudを利用したことがある場合は、Apple IDをすでにお持ちです。Apple IDをお持ちでない場合は、"Apple IDを作成"をクリックしてください。
Apple ID: test@gmail.com
パスワード:
Apple IDまたはパスワードをお忘れですか?
Apple IDを作成　キャンセル　サインイン

アカウントを適切に管理できていないとどのようなことが起こるのでしょうか？ 例えば、以下のような事故が起きる可能性があります。

・退職者のアカウントを消去せずに残したままにしていて、退職者が社内の機密情報にアクセスできるままになっていた
・異動にともなってアクセス権限の変更を忘れており、本来は閲覧できてはいけないはずの他部署の情報が見れたままになっていた

このような事故はアカウントを適切に管理して避けなければなりません。

新しい従業員が入社する際には、以下のようなさまざまなシステムのアカウントを新規に発行します。

・グループウェア
・勤怠システム
・ワークフローシステムなど

入社時にアカウントを発行したままではなく、誰がどのアカウントを持っているかを記録し、退職や異動の際はアカウント停止や権限設定の変更など適切な対応を行いましょう。

権限管理

アカウントに権限を付与する際は、「アカウントには必要最小限の権限を付与する」という**最小特権の原則**に従うことが望ましいです。細かい権限の設定が手間であったり、突発的に権限が必要になった際に都度権限を変更する手間をなくしたいなどを理由に、必要以上の権限を付与していることもあるかもしれません。しかし、本来は部署や役職に応じて必要最小限の権限を付与すべきです。

良い例

・アカウント管理業務を行う情報システム部のメンバーにのみシステムの管理者権限を付与する

・人事部の従業員にのみ社内の人事システムの編集権限を付与する
・部長以上の役職者に社内の人事システムの閲覧権限を付与する

悪い例

・全従業員に人事システムの閲覧権限を付与していたので、他の従業員の評価が見える状態になっていた

アカウント共有の問題

アカウントのIDとパスワードを複数人で共有して利用することを**アカウント共有**と言います。特に最近ではクラウドサービスを利用することが増え、ライセンス数に応じて費用が発生する料金体系が多いことから、ライセンス費用を減らすために1つのアカウントを複数名で利用している場合があります。アカウント共有は、ほとんどの場合はライセンス違反に

なりますし、セキュリティの観点からも決して推奨はできません。具体的には、アカウント共有により以下のようなセキュリティリスクが発生します。

▶監査ログから操作者を特定できなくなってしまう

多くのシステムでは、監査ログ（いつ、誰が、何をしたかという記録）を取得しています。同じアカウントを複数人で共用すると、誰が操作したかが監査ログから判断できなくなってしまいます。

例：顧客管理システムを「sales」という営業部全体の共用アカウントで使用しており、誰かが顧客情報を頻繁にダウンロードしている形跡があったが、すべて「sales」アカウントで監査ログが記録されているので、誰が操作しているか特定できない

▶適切なアカウント管理ができない

アカウントを複数人で共有して使用していると、共有している従業員のうちの誰かが退職してもアカウントの停止や削除ができません。そのため、退職者が退職後もシステムにアクセスできないようにするには、退職のたびに共有アカウントのパスワードを変更する必要があります。しかし、都度パスワードを変更・周知するのは手間なので同じパスワードのまま共有アカウントを使い続けてしまい、退職者が引き続きシステムにアクセスできるというリスクがあります。

例：営業部のメンバーが退職したが、顧客管理システムの「sales」共有アカウントのパスワードを変更しなかったため、退職したメンバーが引き続き顧客情報にアクセスできていた

システムの仕様上、アカウントを共有しなければならないケースもあるかもしれませんが、このようなリスクがあることを認識した上で運用しましょう。

▶アカウントの共有

先輩、この前導入したクラウドサービスについて、経営企画部から『コストを抑えるためライセンスを減らすように』と連絡がありましたが、どうしましょうか?

必要なユーザーにしかライセンスを付与してないからもうこれ以上は減らすのは難しいなぁ ......

そうですよね。各部署に 1 つアカウントを用意して共有してもらいますか?

共有アカウントはできるだけ避けようよ。

何かあったときにログから誰が操作したかわかりませんし、メンバーの入れ替えがあるたびにパスワード変更するのも手間ですよね。

そうだね。他にも二要素認証の設定を必須にしてるよね。

あっ! SMS 認証の電話番号ってどれを登録すればいいんだろう。アプリ認証にしてもどの端末で登録すればいいのか ......

そう。さらに、もしかしたら利用規約違反にあたるかもしれない。共有アカウントのリスクを洗い出して、リスクを軽減するための運用にはこれだけの手間がかかるという方向で経営企画部に話しにいこうか。

3.5 情報セキュリティポリシーの制定と運用

全員で資産を守る意識付け

不正アクセスや内部不正対策のしくみを導入したとしても、情報資産の取り扱いに関するルールが整備されていないと情報セキュリティ事故が起きかねません。情報セキュリティポリシーはどのような内容を定め、どのように運用すればいいのか学んでいきましょう。

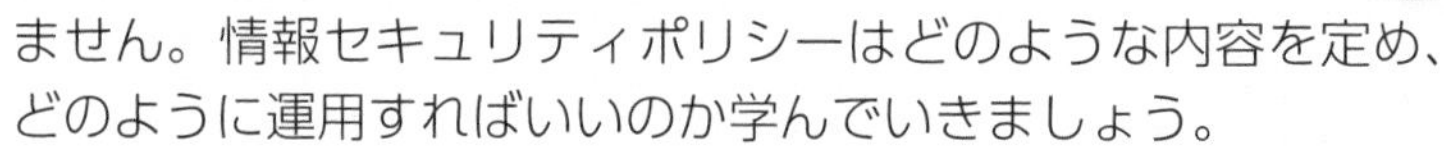

情報セキュリティポリシー制定

情報セキュリティポリシーとは情報資産を守ることを目的に、基本方針、対策基準、実施手順をまとめた文書のことを言います。一般的に3階層に分かれ、組織で守るべき情報セキュリティ対策の考え方や方針、具体的な実施手順まで定められています。

表 情報セキュリティポリシー

文書	説明	例（ファイル送付の場合）
基本方針	情報セキュリティの目的、対象、組織や体制などの方針	機密情報を取引先へ送付する場合は適切なシステム経由で実施すること
対策基準	物理的・人的・技術的にどのようなセキュリティ対策をするかの基準（ルール）	機密情報を取引先へ送付する場合はクラウドストレージを使用し、最小限の権限とアクセス可能な有効期限を設定すること
実施手順	対策を実施するための具体的な手順（マニュアル）	ダウンロードさせる必要がなければ閲覧権限を付与し、有効期限は最大7日間とすること

会社の情報セキュリティを維持していくための体制として情報セキュリティ委員会を設置することが望まれます。構成メンバーはIT担当者だけで

なく、各部門からも任命することが好ましいです。全社に関わることなので意識付けのためにも多くの部署を巻き込んでいくことが非常に大切です。情報セキュリティポリシーに決まったものは存在せず、企業の体制、業務、システム構成、ネットワーク構成などから自社に適したものを制定する必要があります。

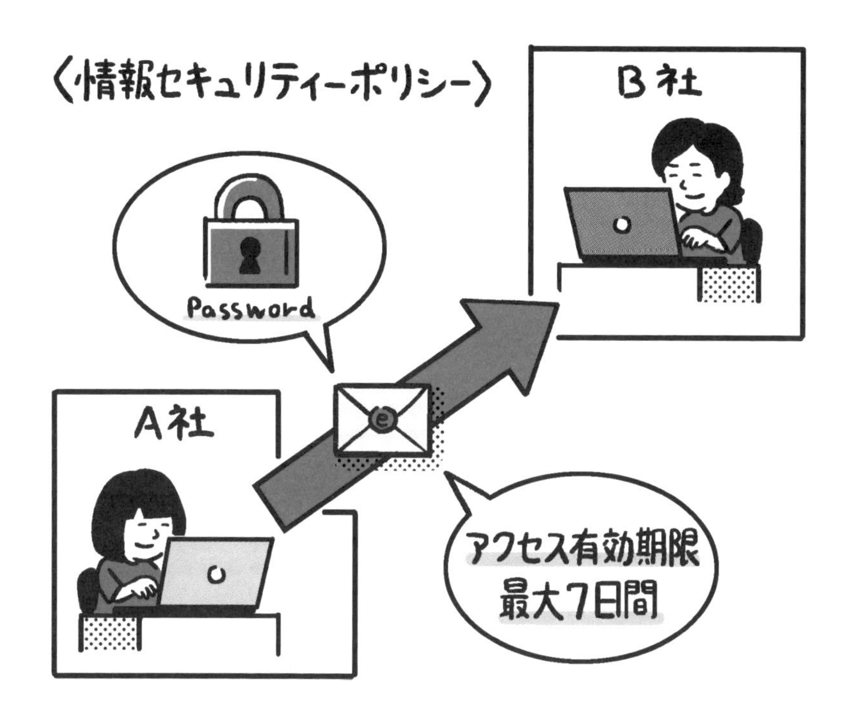

ソーシャルメディアガイドライン

社内での情報資産の取り扱いだけではなく、近年では社外での情報発信についても注意喚起が必要です。SNSに関連する事件、事故をニュースで一度は見たことがあるのではないでしょうか。いわゆる炎上です。過激な内容、不適切な内容、違法行為にあたる内容を投稿し、それが拡散され、非難が殺到します。実際に従業員が何か起こしてしまった場合、「個人がやったことなので会社とは関係ない」と言ってもそれでは終わりません。近年、企業としてもITリテラシーの教育や炎上対策が必要になってきています。悪ふざけで不適切な内容を発信してしまったり、誰かを攻撃してしまうと瞬く間に広がり、個人だけでは収まらず所属している企業にまで影響が及びます。個人はもちろん企業の信頼は失われ、企業イメージの低下は免れません。こうしたリスクを避けるための方法として、SNSの利用に関するルールをまとめた**ソーシャルメディアガイドライン**の制定が有効です。一部の企業や教育機関ではソーシャルメディアガイドラインをWebに公開していますので参考にしてみてください。

情報セキュリティポリシーと合わせてソーシャルメディアガイドラインを入社時に説明し、在籍中の従業員に対しても定期的に研修を実施することが大事です。

リスクがあるとはいえ、従業員全員にSNSの利用を禁じることは現実的ではありません。また、近年では企業アカウントやその企業の従業員ということを明らかにしたアカウントからのSNSでの情報発信は、広報活動や採用活動などで非常に効果的な手段の1つです。

企業アカウントはマーケティングや広報、採用などで利用されるケースが多く、アカウント管理の面では各部門と連携していくことが大事です。正しく利用してもらうために、実際に起こった事件や被害を紹介したり、具体的なSNS・ブログの利用方法をアナウンスすることが効果的です。

見直しと改訂

情報セキュリティポリシーやソーシャルメディアガイドラインは一度制定したら終わりではなく、定期的に見直し、改定していきます。情報セキュリティの分野は変化が激しく、新たな脅威や環境の変化に継続的に対応しなければなりません。また、情報セキュリティポリシーを制定しても、実態に即しておらず遵守されていなければ意味がありません。情報セキュリティポリシーが有効に機能しているか、また制定した内容に不足がないか定期的に確認する必要があります。そしてその結果によって情報セキュリティポリシーの見直し・更新が検討されます。このように制定後もPDCA(Plan-Do-Check-Act)サイクルを回し、常にセキュリティを高めるための改善活動を続けていくことが重要です。

図 情報セキュリティポリシーのPDCA

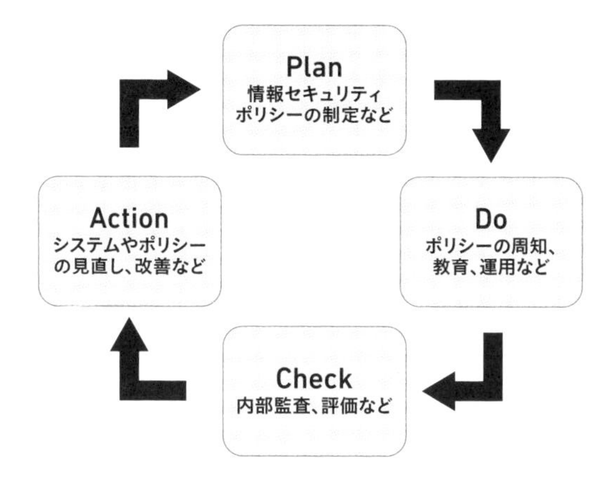

3.6 情報セキュリティリテラシーと企業

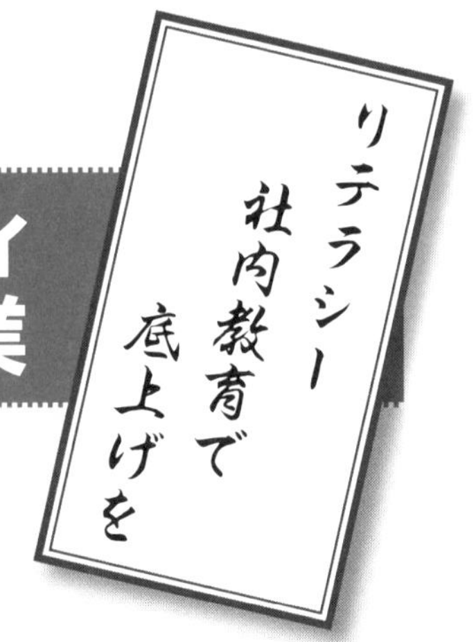

情報セキュリティポリシーを制定しても、従業員にきちんと伝わらなければ意味がありません。従業員の情報セキュリティリテラシーを底上げし、会社全体のセキュリティ対策を強固にしていきましょう。

情報セキュリティリテラシーとリスク

情報セキュリティリテラシーとは情報セキュリティに関する正しい知識とその活用についての能力を指します。情報セキュリティリテラシーと言っても本章で解説してきたようなIT担当者視点でのセキュリティの知識だけでなく、利用者が正しくITを活用するための基本的な知識、モラルなども含まれています。情報セキュリティリテラシーが高い人と低い人では行動にどのような違いがあるのか見てみましょう。

情報セキュリティリテラシーの高い人

- スマートフォンにパスコードを設定している
- 電車で移動するときはパソコンの入ったバッグを網棚に置かず常に手で持っている
- 心当たりのない宛先・内容のメールは無視する
- パスワードの管理は専用のツールを使う

情報セキュリティリテラシーの低い人

- スマートフォンにパスコードを設定していない
- 電車で移動するときはパソコンの入ったバッグを網棚に置く
- 不用意にメールに記載されているURLにアクセスしたり、添付ファイ

ルを開いたりする

・パスワードを書いた付箋をディスプレイに貼っている

あなた自身の行動も振り返ってみてどうでしょうか？ 会社が貸与したスマートフォンや会社の情報資産にアクセスできる私物のスマートフォンには、パスコードを設定しておかなければ紛失・盗難に遭ったときに悪用されてしまう可能性が高くなります。このように利用者の情報セキュリティリテラシーによって行動が異なり、リスクの大きさも変わってきます。企業としては、従業員全員の情報セキュリティリテラシーを底上げし、できるかぎりリスクの軽減に努めていくことが重要です。

企業としてできること

このように従業員にはさまざまなシーンで想定されるリスクを理解し、適切な判断・行動ができるように教育していかなければなりません。情報セキュリティリテラシーの教育は、外部講師を招いた研修や動画によるオンライン研修、IT担当者による社内の教育研修などがあります。

表 情報セキュリティ研修のメリット・デメリット

研修の方法	メリット	デメリット
外部から講師を招いて研修を行う	・講師の知識や経験が豊富なため効果的な研修が見込める	・自社で実施する場合に比べて費用がかかる ・研修を行う場所や時間など社内外の調整が必要
外部のオンライン研修サービスを利用して研修を行う	・任意の場所・時間に受講できる ・既製のコンテンツを利用するのでコンテンツ作成のコストがかからない	・録画された動画を見るためモチベーションの維持が難しい ・すでに用意されたコンテンツから選ぶので自社に適したコンテンツにカスタマイズしにくい
自社でコンテンツを作成し研修を行う	・コストがかからない ・自社に適したコンテンツで実施でき、内容も適宜変更できる ・自社に研修のノウハウがたまる	・コンテンツ作成、研修実施者の負荷が高くなる ・コンテンツの質がIT担当者に依存してしまう

もし社内で教育を行う場合は、IPAやNISCが従業員への教育としても利用できる資料を公開していますので、以下を参考にしてみてください。

・情報セキュリティ読本 教育用プレゼン資料
https://www.ipa.go.jp/security/publications/dokuhon/ppt.html
・中小企業の情報セキュリティ対策ガイドライン（付録）
https://www.ipa.go.jp/security/keihatsu/sme/guideline/
・インターネットの安全・安心ハンドブック
https://www.nisc.go.jp/security-site/handbook/index.html
・小さな中小企業とNPO向け情報セキュリティハンドブック
https://www.nisc.go.jp/security-site/blue_handbook/index.html

本章では多くの企業が考えるべき情報セキュリティについて解説してきました。しかし、情報セキュリティに100%はなく、外部からの攻撃による外部要因や従業員の内部不正や作業ミスによる内部要因などを完全になくすことは現実的に不可能です。高度なセキュリティ製品を導入するには当然費用もかかるので、最初からリスクをゼロにすることを目標にするのではなく、現時点でどの程度のセキュリティ投資が可能で、どのようなリスクに優先的に対応すべきかを検討しましょう。未上場の中小企業と上場企業では求められるセキュリティレベルも変わってきます。どこまでやるかを明確にした上で適切な方法を模索し、取り入れていくことが大切です。

参考図書

「図解まるわかり セキュリティのしくみ」
増井敏克（著）、翔泳社、2018年、ISBN：978-4798157207

▶標的型攻撃とフィッシングメール

情報セキュリティリテラシーの向上によって攻撃を避けられることもあるんですか?

うん、最近は騙されてしまって被害を受けるケースが増えているんだよ。例えば、標的型攻撃やフィッシングメールがそのうちの1つだね。

標的型攻撃は取引先からの業務連絡やお知らせを装ったメールによって特定の組織や人を狙った攻撃で、フィッシングメールは偽装したWebサイトのURLに誘導するメールを無差別に送りつけてアカウント情報などを盗み出す攻撃ですよね。

そう。避けるというのはメールの本文や送信元の情報で違和感を感じて不用意な行動をしないということで、これはとても大事なことなんだ。

たしかに。これは私たちも気を付けなければなりませんね。

その通り。これらの攻撃は本当に手口が巧妙になってきていて、100%見抜くことはできないと言われている。常にリスクが存在することを理解し、いつ自分が被害者になるかわからないと思えることが大事なんだよ。

第4章

業務システムを導入する

4.1 システムの導入形態

「手作業を減らし業務の効率化を図りたい」「システムが老朽化し業務の変化に対応できない」のような課題への1つの解決策としてシステム導入が挙げられます。
しかし、システムを導入すると言ってもまず何をすればいいのか、全体的な流れがイメージできない方もいるかもしれません。
まずはシステムにどのような形態があるのかを理解し、費用や導入後の運用・保守などの違いからどう利用するのが適切か検討しましょう。

オンプレミス型とクラウド型

オンプレミス（on-premise）型とはサーバーなどを自社で用意し、オフィスやデータセンターなど自社が管理する場所でシステムを構築・運用することを言います。自社で構築するので情報をどこにも預けることなく、自社のセキュリティポリシーに合わせた各種設定や運用ができます。既存システムとの連携や統合などを必要とする場合は、オンプレミス型でないと実現できないケースが多いです。

例えば自社内に受発注管理システムを構築していて、新たに在庫管理システムを導入して連携させたい場合、システムが自社内の同一LAN上にあればデータを容易にやりとりできます。

また、オンプレミス型の業務システムは永続ライセンスが一般的であり、一度買えば永続的に利用できます。ライセンスは事業者から直接購入することも可能ですし、代理店や販社を経由して調達することも可能です。永続ライセンスは、数年使うことを前提とした金額が設定されていることが多く、その分初期費用が高くなります。

さらに、システムのバージョンアップや脆弱性対応も自社で実施する必要がありますし、サーバーなどの基盤側の監視やメンテナンスも必要になります。

クラウド（cloud）型ではオンプレミス型で使用しているようなシステムをインターネット経由で利用します。自社でサーバーなどシステムが稼働する環境を構築する必要がないため初期費用が抑えられ、オンプレミス型に比べて短期間で導入できることが多いです。

また、アップデートのためにシステムを止めてメンテナンス作業をする必要もなく、システムは常に最新の状態が保たれています。クラウド型のシステムのライセンスの多くは、サービスや製品の数ではなく一定期間の使用権に対して支払いを行うサブスクリプション方式なので、ある期間の利用者数で費用が変動します。そのため、「特定の部署に評価利用してもらい、良い反応が得られたら全社展開する」といった柔軟な導入計画を立てられます。

表 オンプレミス型とクラウド型のメリット・デメリット

	メリット	デメリット
オンプレミス型	・自社の他システムとの接続、リソースの増強が容易 ・自社のセキュリティポリシーに合わせた運用が可能	・設置スペースや機器の調達など物理的な対応が必要 ・環境構築に人的リソースが必要 ・ライセンスの初期費用が高い
クラウド型	・導入コストを抑えてすぐに導入できる ・保守、監視、障害対応をベンダーに任せられる	・カスタマイズ性が乏しく提供された機能しか利用できない ・障害対応や情報資産の取り扱いがベンダー依存になる

それぞれメリット・デメリットはあるものの、以前と比べるとクラウド型のシステムが増え、オンプレミス型ではなくクラウド型のシステムを積極的に導入する企業も増えてきています。クラウド型のシステムでは対応できない自社特有の業務フローがあり、保守・運用のための予算と人材を確保できる場合はオンプレミス型のシステムの方が適しているかもしれません。初期費用を抑え素早く導入したい、導入〜運用に十分な人材を確保

できない場合はクラウド型の業務システムを優先的に検討してもいいでしょう。

さまざまなクラウドサービス

クラウドサービスと一口に言っても、提供するサービスの範囲によっていくつか種類があります。以下で示すように、その種類は「◯◯ as a Service（サービスとしての◯◯）＝◯aaS」のような言葉で表します。さまざまな業界で◯aaSという表現がされますが、クラウドサービス関連ではSaaS/PaaS/IaaSが頻出用語です。

表 クラウドサービスの種類

種類	読み	説明	サービス例
SaaS（Software as a Service）	サース	・ソフトウェアそのものを提供する ・インターネットに接続できる環境さえあればWebブラウザからサービスを利用できる	G Suite、Office365、Salesforce、Box
PaaS（Platform as a Service）	パース	・アプリケーションが動くためのプラットフォームを提供する ・OSや必要なソフトウェアが用意されておりその上でアプリケーションを開発できる	GAE（Google App Engine）、Azure App Service
IaaS（Infrastructure as a Service）	イァース	・OSやアプリケーションを稼働させるインフラを提供する ・仮想サーバーやネットワーク、ストレージなどのインフラを利用できる	Amazon EC2、GCE（Google Computer Engine）

表 クラウドサービスの提供範囲

	IaaS	PaaS	SaaS
ユーザー管理	利用者	利用者	利用者
アプリケーション	利用者	利用者	事業者
OS	利用者	事業者	事業者
ハードウェア	事業者	事業者	事業者
ネットワーク	事業者	事業者	事業者

SaaSはおそらく一番馴染みがあり、知らず知らずのうちに多くの人が利用しています。Gmailもその1つですし、SNSのTwitterもSaaSです。

PaaSにはGCP（Google Cloud Platform）が提供するGAE（Google App Engine）などがあります。開発言語などの制約はありますが、開発したアプリケーションをGoogleが提供するプラットフォーム上で動かし、公開することができます。

IaaSにはAWS（Amazon Web Services）が提供するAmazon EC2などが挙げられます。IaaSではハードウェアやネットワークといった物理的な基盤はAWSが管理し、その基盤上に構築された仮想サーバーを利用者に提供します。仮想サーバーとは仮想化技術により仮想化されたサーバーで、1台の物理サーバー上で複数の仮想サーバーを動かすことが可能です。Amazon EC2ではそれぞれの仮想サーバーをインスタンスという単位で利用者に提供します。利用者はWindowsやLinuxなどさまざまなOSをインスタンスにインストールして使用できます。

図 仮想サーバーのしくみ

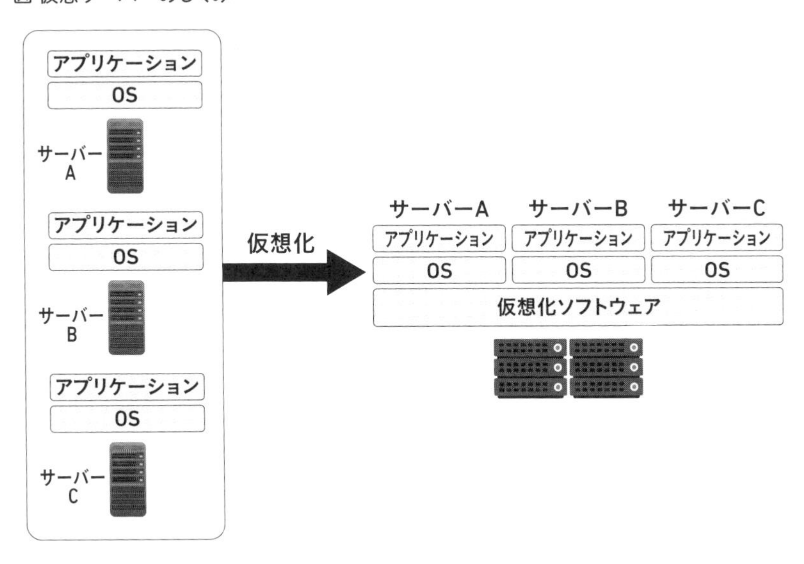

コラム DaaSとIDaaS

SaaS・PaaS・IaaS以外でよく耳にする○aaSを2つ紹介します。

DaaS(Desktop as a Service) とはパソコンのような仮想デスクトップ環境がクラウド上に用意され、クライアント端末からリモート接続して利用できるサービスです。代表的なサービスとしてAmazon WorkSpacesがあります。

IDaaS(Identity as a Service) はクラウド上でIDなどの認証情報を管理するサービスのことです。クラウドサービスの利用が増えてきた近年では社員1人あたりが持つIDも多くなってきました。各クラウドサービスの認証をIDaaSと連携し、IDaaSでそれらのIDを一元管理できます。代表的なサービスとしてOktaやOneloginなどがあります。

4.2 グループウェア

メールやカレンダーなどどの会社でも必要となる業務システムはグループウェアとしてまとめて用意することが増えてきました。グループウェアにはどのような機能や製品があるのか学んでいきましょう。

グループウェアの主な機能

グループウェアは情報共有・コミュニケーションなど、企業活動を支援する機能が統合された製品です。代表的なグループウェアとして、Googleが提供するG Suite(旧Google Apps)、Microsoftが提供するMicrosoft 365(旧Office 365)、サイボウズが提供するサイボウズOfficeなどがあります。G Suiteはオンラインでの使用が前提となっており、インターネットとWebブラウザさえあればすべての機能が利用できますが、インターネットにつながっていないとできることは限られてしまいます。このようにグループウェアによって得意・不得意はあります。

表 G SuiteとOffice365のグループウェア機能

機能	サービス名（G Suite）	サービス名（Microsoft 365）
メール	Gmail	Microsoft Outlook
カレンダー	Googleカレンダー	Microsoft Outlook
オンラインストレージ	Googleドライブ	Microsoft OneDrive
文書作成	Googleドキュメント	Microsoft Word
表計算	Googleスプレッドシート	Microsoft Excel
プレゼンテーション	Google スライド	Microsoft PowerPoint
チャット	Google Chat	Microsoft Teams
Web会議	Google Meet	Microsoft Teams

これらの機能をひとまとめにした製品がグループウェアです。組織内の情報共有・コミュニケーションを円滑にするため、大企業から中小企業まで多くの企業が導入しています。

グループウェアは従業員が毎日のように利用するシステムです。従業員の生産性に直結するシステムなので、まずは現状の課題を把握し、既存システムとの連携、業務フローの変更点、使いやすさなどを総合的に判断して慎重に選定しましょう。製品によっては無償で一定期間の評価利用が可能です。まずは一部の部署で評価利用して導入を検討してもいいでしょう。

続いて、グループウェアの代表的な機能について解説します。

メール

ご存知の通り、**メール**はビジネスのあらゆるシーンで利用されています。取引先との連絡手段としてはもちろん、システムの通知先やサービス利用時のメールアドレス登録など、さまざまな用途にメールが使われています。2章でメールサーバーについて解説しましたが、メール機能を持つグループウェアを導入すれば自社でメールサーバーを用意する必要はありません。

グループウェアが提供するメールサービスは基本的なメールの機能に加え、迷惑メール対策やウィルススキャンなどの機能を備えているものもあります。

図 Gmailの受信トレイ

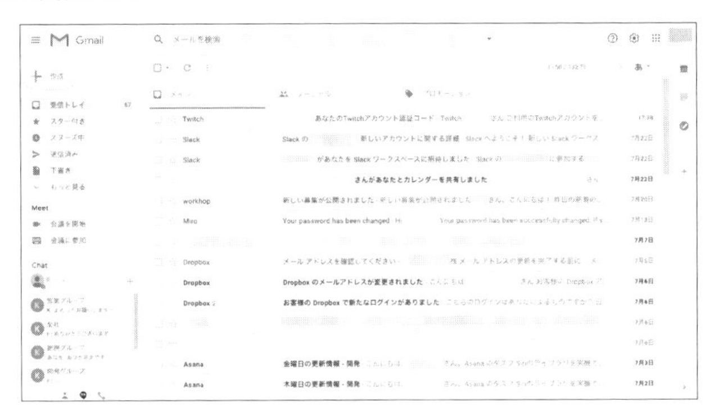

組織で利用するときに便利なメールのしくみとしてメーリングリストがあります。複数人にメールを転送するしくみで、取引先と連絡する際にメーリングリストを宛先に追加することで、参加しているチームメンバーを1人ずつ宛先に指定する必要がなくなります。また、システム障害時のアラートの通知先をメーリングリストにすることでチームメンバー全員が通知を受け取ることができます。

メーリングリストには基本的に会社で利用しているメールアドレスを追加しますが、用途によっては私用のメールアドレスを追加していることもあります。例えば緊急時の連絡用メーリングリストでは会社のメールアドレスに加え、気づきやすい私用のメールアドレスも追加したりします。このような運用をしている場合は、その人が退職した後にメールを受け取ることがないように必ずメーリングリストから削除する必要があります。

また、メーリングリストのメンバーを従業員が自由に変更できるようにしていると、社外の人や私用のメールアドレスを追加して情報漏えいにつながる可能性があります。メーリングリストのメンバー管理はシステム管理者のみが実施できるように制限しておいた方が安全でしょう。

カレンダー

グループウェアの**カレンダー**は組織内で共有が可能です。自分の予定はもちろん、チームメンバーや上司の予定も組織内で共有されているので、予定の調整を円滑に行えます。一般的な予定管理に加え、会議に必要な資料などのファイルを予定に添付できたり、タスクの漏れや締め切りを過ぎることがないようリマインダーを設定できたりする便利な機能が備わっています。

また、多くのグループウェアでは会議室や備品といった従業員が共有する資産もカレンダーで管理できます。利用状況や予約を物理的に見に行く必要がなくなり、カレンダーを確認するだけで効率よく把握できます。

図 Googleカレンダー

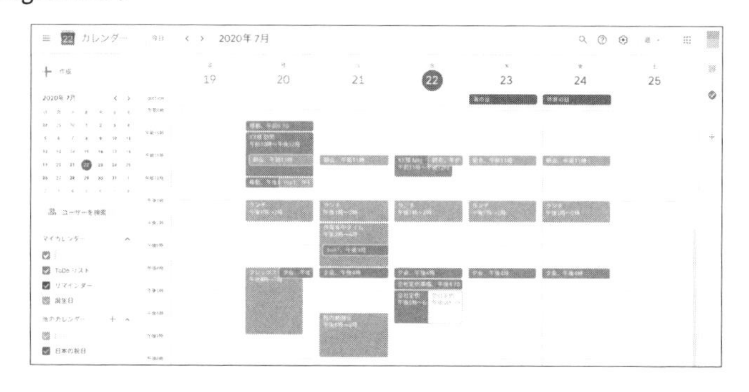

ストレージ

2章でファイルサーバーについて解説しましたが、グループウェアにはファイルサーバーにあたる**ストレージ**の機能も含まれる場合があります。企業活動では手順書や契約書の電子ファイルなどさまざまなデータを扱います。そういったデータの保管場所として何らかのストレージが必要です。

保管場所としてファイルサーバー、NASなどが考えられますが、グループウェアを導入するのであればまずはグループウェアに含まれているオンラインストレージを検討するのがいいでしょう。グループウェアに含まれるのでコストも抑えられますし、メールやカレンダーとの連携が可能です。

G SuiteであればGoogleドライブ、Microsoft 365であればOne Driveが該当します。用途に応じてオンラインストレージに特化したサービス（BoxやDropboxなど）の導入を検討してもいいでしょう。

図 Googleドライブ（Googleドキュメントやスプレッドシート、Microsoft Officeファイルなど各種ファイルを保存できる。一部機能を除いて無料で利用できる）

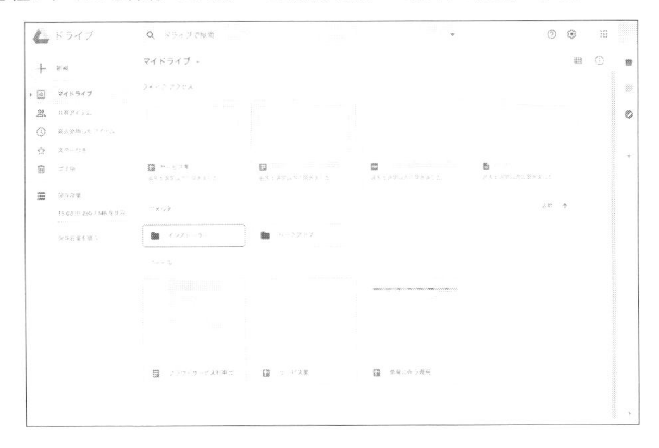

4 業務システムを導入する

図 Dropbox（一部機能を除いて無料で利用できる。相手がDropboxアカウントを持っていなくても各種ファイルを共有できる）

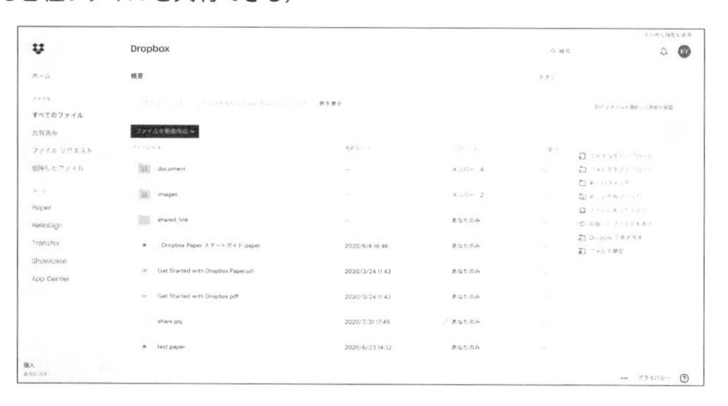

オンプレミス型のファイルサーバーを導入する場合は、「2.8 社内インフラの運用管理」で解説したように可用性・信頼性を考慮したインフラを自前で設計・運用する必要があります。クラウド型のストレージの場合はサービス提供事業者に依存します。大規模なクラウドサービス提供事業者は相応の環境で基盤を構築しており、求められる水準の高い第三者認証も取得しているため、自社で運用するよりも可用性・信頼性は高いと考えられます。

オンラインストレージは従業員同士のファイル受け渡しやファイルの保管の他に、社外の人とのファイル受け渡しにも利用できます。メールに添付してファイルを送付することもできますが、添付可能なファイルサイズを超えてしまう場合や機密性の高いファイルを送りたい場合はオンライストレージで受け渡しするのがいいでしょう。メール添付で送付する場合はファイルをzip形式に圧縮してパスワードを付けて送信し、別メールでパスワードを送信するという方法があります。メールの受信者は2通目に送られてきたパスワードを使用して1通目に送られてきたパスワード付きzipファイルを展開します。しかしパスワード付zipファイルはセキュリティ対策として期待できず、マルウェア対策ソフトで中身をスキャンできないという問題もあるため、今後はオンラインストレージを使用したファイル送付が主流になってくると考えらます。

チャット

社内外のコミュニケーションを円滑にするため、企業における**チャット**の利用も増えてきています。メールでの形式的な挨拶やかしこまった文面でのやりとりに比べ、会話に近いリアルタイムなメッセージのやりとりができるため、素早くタイムリーなコミュニケーションを実現でき、生産性の向上が見込めます。

また、情報共有という点でもメールよりチャットの方が優れています。例えばプロジェクトに新しいメンバーがアサインされたとき、メールでやりとりしている場合はプロジェクトに関連する過去のメールを1つずつ転送したり、メールデータをエクスポートして渡すなど何らかの方法で過去の情報を共有しなければなりません。もしチャットツールでやりとりをしていれば、関係者が参加しているグループに招待するだけで、本人が過去のやりとりをさかのぼって閲覧できます。

チャットでは送信したメッセージの編集や削除もできますので宛先を間違えたときや誤字脱字を見つけたときもすぐに訂正できます。

メールはほとんどの企業が利用していますが、チャットはまだそこまで導入企業は多くありません。取引先の会社が社外とのチャットが許可されているのであればチャットを利用した方がやりとりの効率が良いですし、状況によってチャットとメールをうまく使い分けることが大切です。

チャットツールも製品によって機能やインターフェースが異なります。代表的なチャットツールとしてGoogleが提供するGoogle Chat、Microsoftが提供するTeams、SlackやChatworkなどがあります。Google Chat、Teamsは両社のグループウェアに含まれるため、グループウェアを導入するだけで利用可能です。

図 Google Chat（G Suiteを契約していれば、追加料金なしで利用できる。G Suiteが提供しているサービスとの連携が容易）

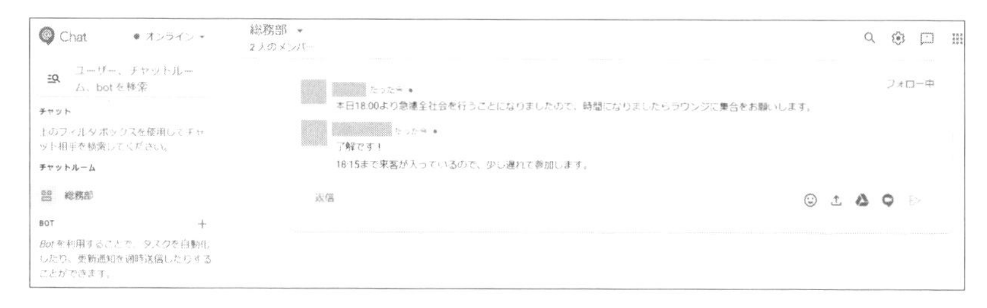

図 Slack（一部の機能を除いて無料で利用できる。スレッド形式でメッセージをやりとりでき、メッセージに対してブックマーク、未読にする、豊富な絵文字でリアクションするなどの機能がある）

多くの企業で導入が進むチャットツールですが、特徴やセキュリティについて理解し、正しく運用しなければなりません。チャットツールの多くは組織外の人とも円滑にコミュニケーションをとれますが、裏を返せば簡単に社外に情報を共有できるということでもあります。招待した外部ユーザーには有効期限を設定したり、定期的にアカウントの棚卸しをするなど適切に管理する必要があります。また、社外のメンバーを招待したチャッ

トでは、メールと同様に機密情報の投稿には一人ひとりが気を付けなければなりません。

Web会議

チャットツールと同様、近年Web会議ツールを導入する企業が増えています。Web会議は遠隔地にいてもインターネット経由ですぐに会議を始めることができます。1つの場所に集まる必要がないため、会議室を確保する必要がなく、移動や会議室を考慮したスケジュールの調整も不要になります。移動にともなう時間を別の業務に充てることができ、移動費も削減できます。在宅勤務などで全員がオフィスに出社していない状況でも、Web会議を利用すれば会議を実施できます。

表 Web会議ツールの主な機能

機能	説明
録画機能	大事な会議を録画しておけばいつでも振り返ることができ、会議に参加していない人へ会議の内容を漏れなく共有することも可能
チャット機能	会議に参加している人のみでのチャットができるため、URLの共有やファイルの共有が可能
画面共有機能	画面共有機能を使えば遠隔地にいてもプレゼンや資料の共有が可能

注意点として、インターネットの通信環境によって音声や映像が不安定になること、マイク、スピーカー、カメラなど機器の性能によって音質や画質が大きく変わることなど、利用者の環境に依存することが挙げられます。また、Web会議では相手の表情や反応、雰囲気といった対面であれば無意識に読み取っている情報が見えづらいという欠点もあります。

これらを考慮した上で活用できれば、時間を効率よく使えて、リモートワークなど働き方の多様化が進む中でとても重要なツールになります。代表的な製品として、Googleが提供するGoogle Meet、Microsoftが提供するTeams、Zoomなどが挙げられます。

図 Zoomのミーティング設定画面（日時指定やビデオのオン・オフ、カレンダーの設定などができる）

▶グループウェアのプラン

同じグループウェアでもプランによって価格がだいぶ違うんですね。

うん、例えばG Suiteだとプランが3つあって、Basic→Business→Enterpriseの順で上位プランになるよ注1。Basicなら1ユーザー680円/月だけどEnterpriseは1ユーザー3,000円/月だから社員100人の会社では年間2,784,000円も変わってくる計算になるね。

※1　G Suiteの名称変更にともない、プラン体系の変更が予定されています。

ひえ〜、価格が 5 倍近く上がる価値があるってことですよね?

G Suite に限らず上位プランになるにつれて、監査ログ、レポート、セキュリティなどの管理機能が強化されていくサービスが多いね。

管理機能だと利用者から見たときに変化を感じにくくて説得が難しいですね ...

そうだね、高度な管理機能は業界や規模、上場しているかなど会社の状況にもよるので一概には言えないね。制限付きの機能が無制限で使えるようになったりする場合もあるから、それが利用者にとって影響が大きければ上位プランに変更してもいいかも。

4.3 その他の業務システム

グループウェアにはさまざまな機能が備わっていますが、それ以外の機能に特化した業務システムが必要な場合もあります。代表的な業務システムをいくつか紹介します。

会計システム

会計システムは、企業活動の中で発生した会計処理を管理するシステムであり、主に財務・経理担当者、また経営に関わる人が利用します。日々の取引（仕訳）を会計システムに入力しておくことで自動で会計帳簿、決算書を作成できます。また、レポートを出力することで経営状況を可視化できます。

これまで担当者が手作業で行っていたデータの一括インポート、エクスポート、他システム間の連携、銀行取引などを会計システムが担うことで、工数の削減が見込め、人的ミスも軽減できます。

会計システムは以下の2つの業務領域で構成されています。

▶財務会計

企業の取引先や株主、金融機関など利害関係者（ステークホルダー）に対して適正な会計情報を提供することを目的としています。すべての企業に財務会計の実施が義務付けられており、財務諸表などで開示します。

▶管理会計

予実管理を基本として売上やコストなどさまざまな会計データを集計し、

レポートを作成することで、その情報をもとに経営判断や現状把握などに利用します。財務会計とは異なり企業内での利用が目的なので、管理会計の実施は自由であり、社外に開示する情報ではないためその形式も企業によりさまざまです。

表 会計システムの2つの業務領域

	財務会計	管理会計
目的	財務状況の報告	経営判断や事業の支援
実施義務	必須	任意
情報提供する対象	企業のステークホルダー	社内
出力するレポート	財務諸表	任意

代表的な会計システムには、クラウド会計freeeや弥生会計、勘定奉行などが挙げられ、機能、仕様、ライセンス体系や動作環境などそれぞれに違いがあります。システムを選定するにあたっては、IT担当者が現状の業務を把握し、課題の洗い出し、必須要件をまとめる必要があります。また、会計業務の知識も必要となることがあり、これについては実際に操作する機会の多い財務経理担当者にプロジェクトメンバーとして参加してもらうようにしましょう。

図 freeeの画面（クラウドサービスなのでどこからでも利用できる会計システム。常に最新版が利用でき、法改正への対応もされている）

勤怠管理システム

従業員の勤怠管理情報を管理するのが**勤怠管理システム**です。日々の出退勤の打刻や有給取得申請を勤怠管理システムで行います。また正社員やアルバイト、派遣社員など雇用形態に応じて異なる勤務体系を定義できます。最近では打刻方法の多様化が目立ちます。ICカードによる物理的な打刻だけでなく、さまざまなデバイス、場所から打刻できるようにしているケースが見られます。また、不正打刻を防ぐためにGPSなどの機能を持つ勤怠管理システムもあります。

表 勤怠管理システムの機能

機能	例
打刻方法	ブラウザ、スマートフォンアプリ、チャットツール、ICカード
申請と承認	休暇申請、休日出勤申請、月次確定
通知	申請・承認通知、勤務時間超過
勤務体系	シフト作成、変形労働時間制、フレックス、みなし残業

勤怠管理は有給の付与ルールや半休の扱いなど企業ごとに規定を定めているため、事前に自社の運用がシステムで実現できるか細かく確認する必要があります。拠点が多い企業やパート・アルバイトの多い企業などは特に自社の特徴を把握し、人事、労務担当者と最適な勤怠管理システムを見つけましょう。

労務管理システム

労務管理システムとは、従業員の雇用契約締結や従業員情報の管理、入退社手続きなどの業務を支援するシステムです。人事情報も含めて人事労務システムと呼ばれることもあります。労務管理システムを利用することで、オンラインで雇用契約を締結でき、入社時に必要な多くの書類の受け渡しや捺印、入社後の従業員情報の変更申請、毎月の給与明細の発行や年末調整の手続きもWebで実施できます。労務担当者は各種作業がオンラインで可能になり、さらにe-Gov電子申請[※2]に対応していれば郵送や役所に行かなければいけないなどの手続きを減らせます。

表 労務管理システムの機能

機能	例
従業員情報管理	従業員情報の登録・変更、扶養家族管理、マイナンバー管理など
従業員情報の変更	入退社手続き、氏名・住所変更など
給与関連業務	給与・賞与明細書のWeb発行、源泉徴収票の発行、年末調整など
その他	社会保険・雇用保険などの電子申請、年末調整の依頼と進捗管理、簡易ワークフローなど

これらの機能をうまく利用することで、労務担当者の仕事量を減らし、手作業によるミスの軽減が期待できます。また、労務管理システムの導入により紙での申請が減り、労務担当者だけでなく従業員にとってもメリットがあります。代表的な労務管理システムとして、SmartHRや楽楽労務、会計システムで紹介したfreeeが提供する人事労務freeeなどが挙げられます。

図 Smart HRの画面（利用人数30名までは無料プランがある。Webで給与明細の閲覧や年末調整ができる）

※2 総務省が管轄し、各府庁が所管する行政機関への各種申請手続きをWeb上で行えるようにするサービスです。

ワークフローシステム

本書で扱うワークフローとは、稟議など社内決裁を得るための申請から承認の一連の流れを指します。勝手に会社のお金で物品を購入されないように稟議で事前に決裁が必要なことが一般的です。会社で定めた承認者、決裁者に対して「なぜ購入するのか」「なぜこれを選定したのか」といった内容でその妥当性を説明し、決裁者の決裁を得てから購入する必要があります。このような決裁フローを紙ではなくシステム上で運用できるようにしたものを**ワークフローシステム**といいます。

図 購入稟議の流れ

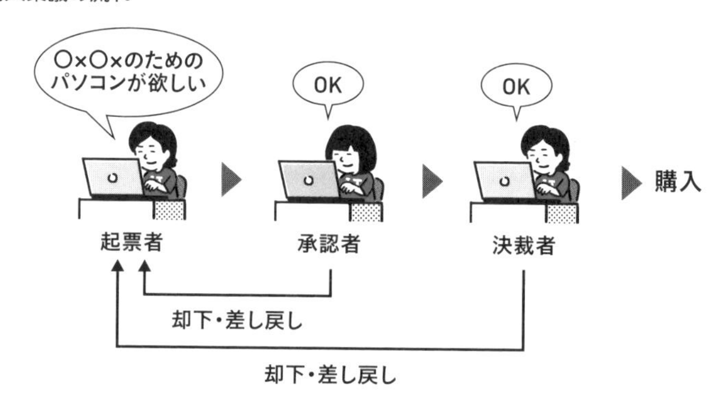

稟議は物品の購入だけでなく、採用や契約などでも必要なことが多く、稟議の種類によって承認者・決裁者が異なる場合もあります。

決裁とその決裁者が必要となる例として次のようなものがあります。

- 10万円以上の備品を購入するため所属部署の部長決裁が必要
- 新規の取引先との契約締結のため法務部の担当者確認を経て部長決裁が必要
- 新しい従業員を採用するために社長決裁が必要

ワークフローシステムを導入しておらず紙と捺印で運用している場合は、承認者が外出や出張の場合はすぐに承認を得ることができませんし、承認者が複数人の場合はどこで承認が止まっているのかがわかりません。ワークフローシステムがあれば、外出先でも承認が可能になり、誰の承認で止まっているのか一目で把握できます。内部統制や監査対応のために、決裁された稟議を証憑として保管しておく必要がありますが、ワークフローシステムを導入していれば紙の稟議をファイリングして保存しておく必要はありませんし、紙を紛失することもありません。

このように申請から承認の手続き、また記録として残したい業務フローをシステムに載せ、電子化することで業務スピードの向上と業務の効率化が見込めます。

図 ジョブカンワークフローの画面（さまざまな申請ルートを設定できる。直感的に操作できるため、IT担当者でなくてもフォームを作成できる）

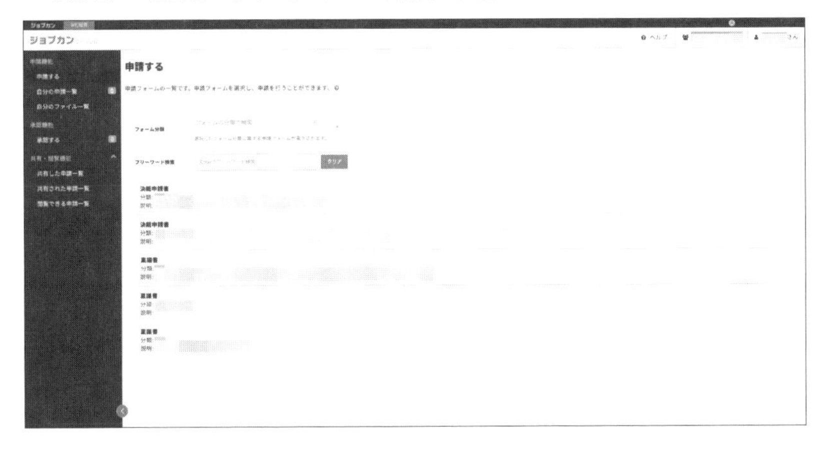

顧客管理システム

顧客管理システムはCRM（Customer Relationship Management）、SFA（Sales Force Automation）、MA（Marketing Automation）と大きく3つの領域に分かれます。

CRMは蓄積した顧客情報を元に加工・分析を行い、顧客にとって最適で効率的な提案ができるようにサポートします。3つの中では顧客管理や顧客との良好な関係構築、関係維持に特化しています。

SFAは顧客情報や案件情報に加え、契約までの商談情報を管理し、営業活動における業務プロセスを自動化することでサポートします。過去の商談履歴や案件の進捗管理など営業活動に特化しています。

MAはマーケティング業務を可視化、自動化することで業務の効率化に加え、見込み客や新たな商談の獲得をサポートします。主に見込み客の集客・育成によって商談に引き上げていくことに特化しています。

CRM・SFA・MAで重複する機能はあるものの、マーケティングから顧客の獲得、育成まで、各プロセスでそれぞれのシステムを使い分ける企業も増えています。

図 顧客管理システム

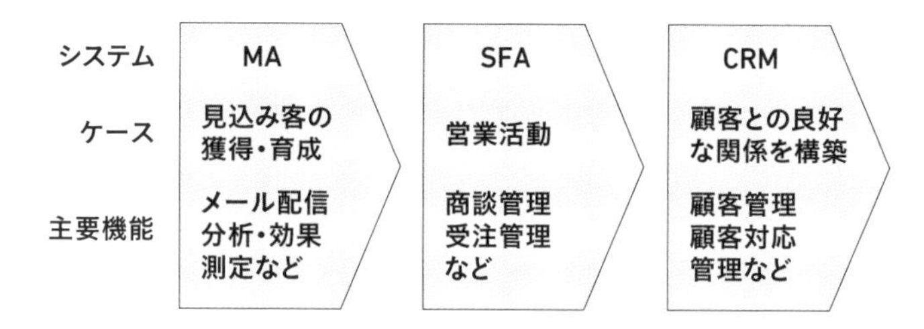

社会的な変化、テクノロジーの変化などによって、近年は顧客ニーズが多様化しています。営業担当の経験や勘で意思決定するのではなく、データという確かな情報から再現性のある戦略を立てることができるため、多くの企業で顧客管理システムの導入が進んでいます。

第5章

システム開発を外部の業者に委託する

5.1 システム開発と契約形態

4章で既製の業務システムの導入について学びましたが、自社特有の業務プロセスをシステム化したい場合は、独自のシステムを開発する必要があります。本章では、Webサイト作成を例にシステム開発の流れと概要を学んでいきます。システム開発の最初の工程（5.2 見積と契約）に進むためには、本節で取り上げる契約形態や開発手法を理解し、事前に検討しておくことが必要になります。

内製と外注

例えば自社のWebサイトを用意したいと考えた場合、自社のエンジニアの人的リソースを割いて開発してもそれで終わりではありません。そのWebサイトが公開されている間は正常に稼働させなければなりませんし、トラブルにも対処しなければなりません。

スマートフォンの普及にともない、スマートフォン向けのページが必要になるなど当初にはなかった要望も出てきて、Webサイトの改修も必要になってくるはずです。このような対応が発生することも念頭に置き、システム開発を**内製**するのか、**外注**するのか検討する必要があります。

次の表に内製と外注のメリットとデメリットをまとめます。

表 内製と外注のメリット・デメリット

	メリット	デメリット
内製 （インソーシング）	・社内にナレッジを蓄積でき、有識者を育成できる ・改修が必要になったときに社内のメンバーでスピーディに対応できる	・社内の開発リソース確保が必要（稼働時間によっては外注した方が安い） ・属人化が発生しやすい ・メンバーのスキルに品質が左右されてしまう
外注 （アウトソーシング）	・ある程度の品質が期待できる ・社内の開発リソースを確保しなくていい	・発注先との調整が必要で改修に時間がかかる ・改修のたびに費用が発生する

契約形態

システム開発を外注するときは、さまざまな契約形態の特徴を理解した上で自社に最適な委託先を探さなくてはなりません。開発を外注する場合は、主にSI（System Integration）やSES（System Engineering Service）事業を提供している企業と契約を締結します。

SIとはシステムの開発はもちろん、開発までの要件定義や設計、リリース後の保守、運用まで請け負う事業です。会社間の契約になるので成果物に対して一定の品質は期待できますし、委託する側の知識が不足していても、ある程度の範囲であれば指摘やアドバイスをもらいながら一緒に進めることができます。

SESはエンジニアの労働力を提供するサービスで、SIのように特定の成果物の完成を目的としていません。一般的にSIは外注先の企業内で開発を進め、SESの場合は自社に委託先企業のエンジニアに来てもらい開発を進めます。

委託先が決まった後はその契約形態を検討する必要があります。**契約形態**は労働者派遣契約、請負契約、準委任契約の3つがあり、準委任契約はIT業界では先述のSESとも呼ばれています。

表 3つの契約形態

	労働者派遣契約	請負契約	準委任契約（SES）
提供内容	業務の遂行	成果物の完成	業務の遂行
責任	-	成果物の完成 瑕疵担保[※1]	-
指揮命令権	発注した企業	受注した企業	受注した企業
法律	労働者派遣事業法	民法	民法

派遣契約では労働を提供し、指揮命令権は労働の提供先である発注企業にあります。対して請負契約はシステムなどの成果物を完成させる必要があり、指揮命令権は受注企業にあります。指揮命令権が受注企業にあるということはどのような方法でシステムを完成させるかは受注企業に委ねられます。また、請負契約の場合は瑕疵担保期間を設けることが多く、納品

※1　瑕疵（かし）とは不具合、バグのことです。瑕疵担保とは請負契約において成果物に何らかの不具合が発覚したときに、委託者は修正や損害賠償、契約解除などを求めることができます。

から一定期間内で発見した不具合は無償で対応する必要があります。

他にもクラウドソーシング（企業や個人が不特定多数の人に業務を委託するためのマッチングサービス）を利用して開発者を募り、委託することもできます。システム構築にともなうプロジェクト全体を依頼するより、システムの一部機能の開発を委託することが多く、企業間取引に比べると費用を抑えることができます。クラウドソーシングでは自己申告の実績などから能力を判断するしかなく、「期待していた水準の技術を持っていなかった」というミスマッチが起こるリスクもあるため注意が必要です。

コラム 委託先の選定ポイント

委託先はどのような基準で選定すればいいのでしょうか？ 優先的に検討したい委託先の選定基準を3つ挙げます。

信頼性

特にSIに委託するような規模の大きいプロジェクトにおいて重要な選定基準となります。SIであればWebサイトから企業規模、取引先、実績などを確認しましょう。個人の場合は特に同業種、同規模でどのくらい経験があるのかが重要です。

コミュニケーション能力

ここでのコミュニケーション能力というのは、単に人と話せるということだけではありません。各部門との交渉や現場へのヒアリング、細かいことにも気を配り物事を円滑に進めることができるかといった能力も含みます。個人と契約する場合は技術力を優先しがちなので、開発のみでなくマネジメント経験があるのか、どのような役割で実績があるのか確認しましょう。

技術力

SIにも個人にも得意とする開発スタイルやシステム形態がありますので、委託する内容とマッチするか見ておきましょう。特に個人に委託する場合は、SIに比べて個人の技術力に依存するため、個々の技術要素について基準を満たすか入念に確認しておきましょう。業務で必要なプログラミング言語の経験、またサーバー、ネットワーク、データベースなどのインフラに関する知識があるか、同程度の規模の開発経験があるかといった判断が必要になります。

委託先の選定はプロジェクトの明暗を分けるほど大事な工程です。どのような点を重視して選定するかはプロジェクトの体制や性質に合わせて決めていきましょう。

開発手法

委託先の選定や契約形態について解説してきましたが、委託する前にどのようにシステム開発を進めていくのかを考えておく必要があります。システム開発には多くの手法があり、プロジェクトの体制やシステムの性質、メンバーのスキルなどを考慮して、最適な手法を選びます。SI企業のように受託開発を多く経験している企業では得意とする開発手法を持っていたり、望んだ開発手法に合わせて得意なメンバーを選出することもできます。個人に委託する場合もどのような開発手法を得意とするかは非常に大事な要素になります。

表 主な開発手法

開発手法	説明
ウォーターフォールモデル	システム開発を「要件定義→基本設計→詳細設計→開発→テスト」といった大きな工程に分けて、工程ごとに成果物をレビューし、次の工程に渡してプロジェクトを段階的に進めていく開発手法
プロトタイピング	早い段階で試作（プロトタイプ）を作り、利用者に確認してもらい、プロトタイプを修正し、また確認してもらって…という工程を繰り返し、システムを完成に近づける開発手法
アジャイル	小さな機能単位で「計画→要件分析→設計→実装→テスト」を繰り返し、システムを一部ずつ完成させて、最終的にシステムにする開発手法

ウォーターフォールモデルはそれまでの工程が完了したあとに次の工程に進むため、進捗・スケジュールがわかりやすいというメリットがあります。そのためメーカーや金融など大規模なシステム開発で採用されるケースが多いです。**アジャイル**は利用者が求める・喜ぶ体験（主に

UI/UX[注2]）に対して柔軟に開発したいというチーム開発に適しており、IT・Web業界のシステム開発に多く見られます。

作業を効率よく進められる、リスクの少ない開発手法を選択することで、プロジェクトを成功に導きましょう。次節からウォーターフォールモデルを例に各工程について解説していきます。

プロジェクト管理

プロジェクトに適した開発手法を選定するだけでなく、**プロジェクト管理**もプロジェクトを成功に導くために重要です。プロジェクト管理とはスケジュール（進捗）やタスク、コストなどプロジェクトに関するあらゆることを管理し、プロジェクトを完遂するため全体をコントロールすることを言います。一般的にはプロジェクトの規模が大きければ大きいほどプロジェクト管理の重要性は増し、結果を大きく左右します。

代表的なプロジェクト管理手法として、まずは**WBS（Work Breakdown Structure）**を用いた手法を紹介します。WBSは各工程を

表 WBSの例（表計算ソフトなどで作成）

No	工程	タスク	担当者	開始日	完了日	予定工数(h)	実績工数	進捗率	ステータス
1	要求分析	営業部へヒアリング	taro	2020/07/01	2020/07/02	16	16	100%	完了
2		要求抽出	taro	2020/07/03	2020/07/06	16	24	100%	完了
3		要求分析	taro	2020/07/07	2020/07/08	16	12	100%	完了
4		要求分析共有MTG	taro	2020/07/08	2020/07/08	2	3	100%	完了
5	要求定義	要件まとめ	jiro	2020/07/09	2020/07/14	8		90%	着手中
6		要件共有MTG	jiro	2020/07/15	2020/07/15	2		0%	新規
7		要件定義最終MTG	jiro	2020/07/16	2020/07/16	2		0%	新規

※2 User Interface/User Experienceの略。User Interfaceとはそのシステム上で利用者に見えるすべての要素で、ボタンや入力フォーム、フォントやデザインを指します。User Experienceとはシステムから得られる体験のことで、システムが「使いやすい」や「わかりやすい」という体験を意味します。

タスクに細分化し、その期限と進捗率を一覧にした表のことで、タスクの洗い出しと進捗管理が可能です。

WBSに記載されている予定工数、実績工数の**工数**とは作業完了までに要する作業量のことで、人日や人月という単位で表します。例えば開発者1人が1日（＝1日あたりの労働時間換算で8時間）で完了する作業は「1人日」と表し、同じように開発者1人が20日（＝1ヶ月あたりの営業日数）かけて完了する見込みの作業は「1人月」と表します。4時間で終わるタスクの場合は0.5人日ですが、日や月単位ではなく時間で表すこともあります。

図 工数の考え方

1人が8時間作業して1人日
1人が1ヶ月作業して1人月

Q.2人で開発して3ヶ月かかるシステムの工数は？
A.2人月×3ヶ月＝6人月

2つ目はガントチャートを用いた手法です。ガントチャートとは横軸に時間（日付など）、縦軸にタスクを記載した表のことで、直感的に全体のスケジュールとその進捗状況を把握できます。

表 ガントチャートの例（表計算ソフトなどで作成）

			1	2	3	4	5	6	7	8	9	10	11	12	13	14
No	工程	タスク	水	木	金	土	日	月	火	水	木	金	土	日	月	火
1	要求分析	営業部へヒアリング														
2		要求抽出														
3		要求分析														
4		要求分析共有MTG														
5	要件定義	要件まとめ														
6		要件共有MTG														
7		要件定義最終MTG														

いずれの手法においてもJira Software、Trello、Asana、Backlogなどのプロジェクト管理ツールを活用することで、効率的に工程の管理やメンバーのパフォーマンス管理が可能になり、プロジェクトを円滑に進められます。ただし、関係者が少なく、短期間で終わるようなプロジェクトでは形式ばったプロジェクト管理をするとかえって工数がかかってしまいます。無理に枠に当てはめようとせず、そのような場合はタスク管理のみでもいいでしょう。

タスク管理とは、プロジェクトの中で細分化された作業や課題をタスクとしてメンバーに割り当て、進捗を管理する作業を指します。作業漏れがないように必要なタスクを洗い出し、それに対して担当者や期限、優先順位などを決めます。あわせて進捗やコメントを共有することで効率的にチームの業務を管理できます。また、メンバーの抱えているタスクを把握することで、負荷が高くなっているメンバーをフォローでき、適切にタスクを割り振ることでチームのモチベーション維持にもつながります。

プロジェクト管理とタスク管理の境界線は曖昧なので、ツールもそれぞれがはっきりと分かれているわけではなく、どちらにも対応しているものが多いです。どのツールも多少の差はありますがタスク管理だけでなく、プロジェクトと呼ばれるような規模の管理も可能です。

図 Jira Softwareの画面（10ユーザーまで無料で利用できる。さまざまなレポートでタスクの状況を可視化できるほか、カスタマイズ性に優れている）

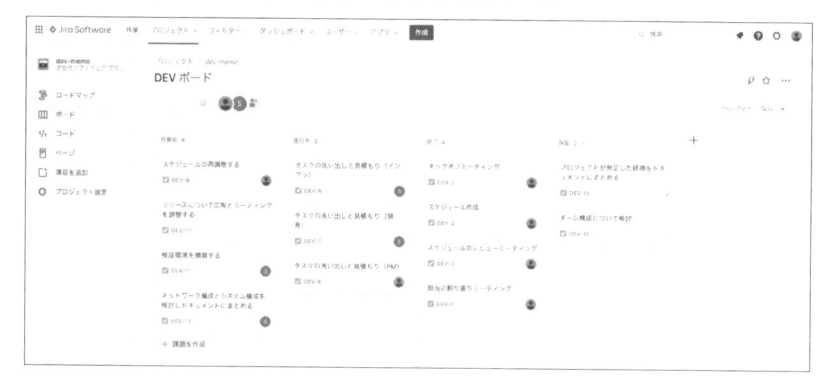

図 Asanaの画面（一部の機能を除いて無料で利用できる。ボード、タイムライン、カレンダーなどタスクをさまざまな形式で表示できる）

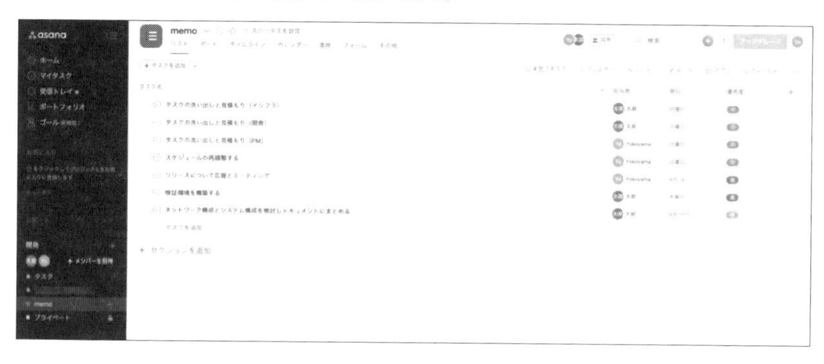

コラム PMBOK

プロジェクト管理を体系的にまとめたPMBOK(Project Management Body of Knowledge) というガイドブックがあります。これは米国の非営利団体であるPMI(Project Management Institute) が発表したもので、プロジェクト管理の世界標準として知られており、4年ごとに改定されています。PMBOKでは10個の管理項目を知識エリアとして定義しており、これらの適切な管理がプロジェクトを成功に導くと書かれています。

表 PMBOKの管理項目

管理項目	内容
統合管理	全体の進捗や指揮、プロジェクトの目的や方針などプロジェクト全体の管理
スケジュール管理	各工程、各個人の作業工数や進捗状況の管理
コミュニケーション管理	プロジェクトを円滑に進められるようなコミュニケーション環境の提供、取り決めなどの管理
調達管理	委託先の選定や発注、契約業務の管理
コスト管理	プロジェクトに関わる費用の予算や見積り、実績の管理
メンバー管理	プロジェクトの負荷を見積り、把握し、適した場所へ配置するという人的リソースの管理
スコープ管理	要望から実現可能な範囲を確定し、要件を管理
品質管理	テストの計画や実行、品質を損なわないための管理
リスク管理	プロジェクトに関わる想定されるリスクの洗い出しとその対応策の管理
ステークホルダー管理	プロジェクトに関わる利害関係者（取引先や社内など）の管理

プロジェクトマネジメント知識体系ガイド（PMBOK®ガイド）第6版 + アジャイル実務ガイド（日本語版）セット
https://www.pmi-japan.org/bookstore/pm_std/pmbok6b.php

プロジェクトマネジメント知識体系ガイド（PMBOK®ガイド）第6版 PDF版のダウンロード（PMI会員のみ）
https://www.pmi.org/pmbok-guide-standards/foundational/pmbok

▶内製と外注

次に依頼されているWebシステムは内製と外注どっちにした方がいいのかな……

その判断は難しいよね。僕でも悩むし、決めてから「違う方がよかったんじゃないか」って考えてしまうこともあるからね。

先輩でも悩むんですね。でも内製は明らかに大変ですよね。工数も必要だし、メンバーを集めたり…やっぱり外注しようかな。

外注と言ってもそんなに簡単じゃないよ。全体的な流れを理解し、各工程をコントロールしていかないといけない。自社ではある程度融通が効くところもあるかもしれないけど、外注ではそうはいかない。

流れも委託先やシステムによって変わり、まったく同じということはありませんからね。先輩が考える外注で大事なことは何ですか?

何がしたい、何がほしい、それらの背景など自社のことをしっかり理解した上で、委託先にそれを共有し、理解してもらわないとうまくいかない。大事なのはプロジェクトのゴールを関係者で共有し、信頼関係を築いていくことだね。

5.2 見積と契約

システム開発においても、備品購入と同様に見積・発注・契約といった取引のステップを踏む必要があります。本節では見積から契約までの流れの中で気を付けるべきポイントを解説します。

見積を依頼する

定価がある物品の購入と違い、システム開発は金額の変動要素が多いため、妥当な金額かどうか見積の時点での判断が重要です。どのように委託するかがある程度決まったら、候補の委託先に見積作成を依頼します。多くの場合、一度の依頼で完成度の高い見積を作るのは難しく、ある程度打ち合わせを重ね、要件を整理してどのように実現するかを確認しながら、精度を高めていきます。

予算や納期、必要なハードウェアやソフトウェアの調達などに抜けや漏れがないかを委託先とお互いの認識を合わせながら進めます。どちらが何をどこまで対応するのかといった委託範囲、開発にともなって必要になる費用をどちらが負担するのかなどを明確にし、委託側と受託側の認識を合わせます。開発にともなう費用とは、例えばWebサイトのデザインを変更する際に専用のデザインツールが必要になった場合、そのツールを利用する費用などを指します。

契約形態によって見積の内容も変わってきます。労働者派遣契約や準委任契約ではシステム完成までの各工程の工数と単価から金額を算出します。請負契約では納品に対して対価を払うので、見積には発生する工数や単価が明記されていないこともあります。

以下に見積のポイントをまとめます。

- **委託する範囲が明確になっているか**
  - どの工程から委託するのか
  - 運用・保守は含まれているか
- **金額が妥当か**
  - 開発費
  - 運用・保守費
  - ハードウェア、ソフトウェア費
  - データ移行費
  - 打ち合わせの移動費など
- **納期と成果物は明確に記載されているか**
  - 各種ドキュメント類
  - ソースコード一式

コラム システム開発の費用

システム開発には高額な費用が発生しますが、その費用のほとんどは人件費です。そのためシステムの特性や要件によって大きく変動します。専門性の高いシステムや複雑で難易度の高いシステムを開発する場合、エンジニアに要求する技術レベルが上がり高単価になります。以下の表はあくまで目安であり、業種や規模、要件などによって大幅に上下しますが、目安として知っておくといいかもしれません。複数社に見積を依頼して金額の妥当性を比較検討しましょう。

表　システムの種類と費用の目安

システムの種類	システムの概要	費用の目安
企業Webサイト	会社概要や採用情報など主に静的なページで構成される一般的な企業Webサイト	～100万円
ECサイト	会員登録機能や申し込み機能、決済機能を有する小規模なECサイト	100～300万円
基幹システム	従業員1,000名以上の利用を想定した、自社の他システムとの連携が必要な業務システム	500万円～

発注と契約

見積が固まれば、発注・契約の手続きとなりますが、あらためて契約内容に間違いがないかよく確認しましょう。お互いの認識に齟齬があることに気づかなかったり、見積書の内容と契約書の記載に差異があったりすると、後からトラブルになりかねません。プログラムやドキュメントなどの成果物とそれらの著作権、再委託の可否、委託する業務範囲が明記されているかなどシステム担当者だけでなく、法務担当者にも確認してもらいましょう。

また、報酬の支払いタイミングは後払いが一般的ですが、着手金があるのか、支払い方法が一括か分割かなどを明記しておくとトラブルを避けられます。

運用と保守

業務システムにおける運用とはシステムを安定的に稼働させることを指し、主に稼働状況やセキュリティの監視業務、データの入出力といった定常業務が挙げられます。保守とはシステムを正常に保つことを指し、主にシステム改修業務、トラブル時の対応業務などになります。運用と保守の言葉の定義や範囲はあいまいで、運用・保守とひとくくりにすることもあります。

自社でシステムを開発するということは、運用と保守も自社で行うということです。新しい機能を追加したいと要望があったときは開発できる人材を確保、もしくは育成しなければなりません。システム障害が起こったときには迅速で適切な対応が必要になります。

外注する場合は、システム開発を委託した会社にそのまま運用・保守も委託するケースも珍しくありません。毎月固定の金額を支払う保守契約もあれば、その月に実際に作業した時間によって金額が変動する保守契約もあります。システムが稼働してから定期、不定期でどのような作業がどれくらい発生するのか、自社の人材や体制によって最適な保守契約を検討しましょう。

5.3 要求分析と要件定義

システム開発と言ってもすぐに開発を始めるわけではなく、まずはしっかりと要件定義をしておかないと、利用者が求めていたものとまったく違うシステムができてしまいます。本節ではシステムの利用者からの要望を吸い上げ、分析するための要求分析、それをシステムに反映していくための要件定義について解説します。

要求分析

従業員からIT担当者に「システムのデータをCSV形式でエクスポートできるようにしてほしい」「他のシステムと連携できるようにしてほしい」といった業務システムに関する相談がくることも珍しくはありません。今ある課題をITを使って改善したいという要望を積極的に拾い、支援していくこともIT担当者の大切な役割のひとつです。

要求分析とはそういったさまざまな利用者の声や要望を抽出し、分析することです。

▶抽出

アンケートやインタビュー、現場調査などの方法でシステムへの要求を抽出します。利用者から抽出した要求について、抽象的な内容から具体的な内容に整理します。

▶分析

洗い出した要求に対して、問題点や懸念点、矛盾がないか分析します。

不要な要求が混在していないか、重複する要求はないか、必要な要求は完全に抽出できているかなどを確認します。

要求分析ではこのように要求の内容を明確にして整理します。

要件定義

要件定義とは、要求分析で抽出した要求を考慮した上で、システムとして必要な要件をまとめる工程です。要件定義が曖昧であったり間違いが多かったりすると、その後の設計や開発に大きな影響を及ぼします。この工程ではシステム利用者、IT担当者、開発者などすべての関係者でゴールイメージを共有し、要件定義の内容について合意を得ることが重要になります。

要件定義ではシステムに必要な機能（＝**機能要件**）を決めることはもちろんですが、昨今では機能以外の要件（＝**非機能要件**）も利用者の満足度を上げるために重視されています。機能要件は利用者との議論を重ねて明確にしていくため、実装されることが前提です。非機能要件は利用者の感覚に依存したり普段意識されていない部分なので、要件として認識されず考慮漏れになることが多いので注意が必要です。

機能要件の例

- PDFで帳票が出力できる
- 注文履歴を把握できる
- マイページにプロフィール画像を設定できる

非機能要件の例

- アプリケーションの起動は10秒以内とする
- システムは24時間利用可能とする
- システム障害時は3時間以内に復旧可能とする

要件定義の段階で利用者から性能や稼働率、セキュリティなどの非機能要件について意見が出ることは多くありません。できるだけIT担当者側から提案することを意識しましょう。IPAが非機能要件を確認できるツール群を公開しているので、まずはこちらを参考にしてみるのがいいでしょう。

非機能要求グレード2018

https://www.ipa.go.jp/sec/softwareengineering/std/ent03-b.html

▶要件定義の重要性

この前グループウェアを導入したときも要件定義と似たようなことをやったような ……

うん、要件定義はシステム開発に限った話ではなく、自社にツールを導入するときにも必要な工程なんだよ。

ツールの導入では開発は発生しませんよね？

そうだね。開発はしないけど、ツールを導入するときにも『こういうことをしたい』『こういう課題を解決したい』ということをまずはヒアリングするよね？

しますね。ツールを選定するときにもどういうことをしたいかが決まっていないと進まないですからね。

その通り。そのツールで実現したいこと（=要件）を関係者で共有し、まとめるということは、ツールの選定においても要件定義は大切なんだよ。

参考図書

・「はじめよう！要件定義 ～ビギナーからベテランまで」
羽生 章洋（著）、技術評論社、2015年、ISBN：978-4774172286

5.4 設計と開発

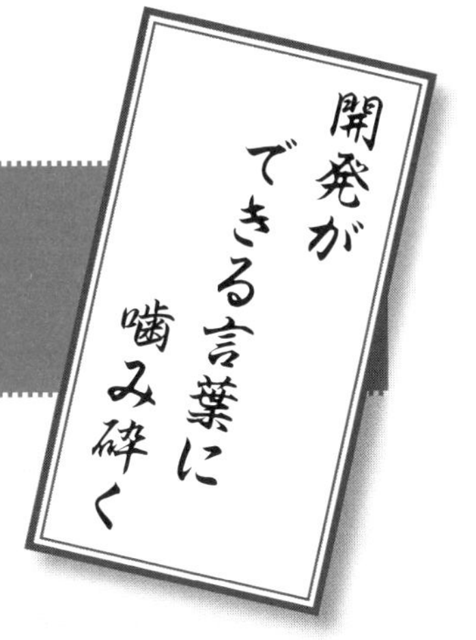

要件定義でシステムの要件が決まったら、次にどのように実現するか設計書を作る必要があります。設計書によって、委託者はどのようなシステムが完成するのか具体的にイメージでき、開発者はスムーズにシステムを開発できます。設計における2つの工程と、さらに次の工程である開発について見ていきましょう。

基本設計

基本設計は要件定義での成果物を基にシステムがどういう機能を持つのかを決める工程です。システムを外（利用者）から見たときにどのような動きになるのかを決めるので、外部設計と呼ばれることもあります。機能一覧、画面遷移、各画面ごとの機能（帳票作成、印刷、エクスポート/インポート...）などシステムの全体像を定義していきます。次の工程で各機能の詳細（どのように実装するか）を定義できるように、その挙動を誰にとってもわかりやすく記述しなければなりません。

表 基本設計の成果物の例

成果物	説明
画面遷移図	システムの全体像を把握できるようにどの画面からどの画面へ遷移できるのか関係を表した図
画面定義書	画面レイアウトや部品の種類を決めて、必須入力や入力条件、ボタンを押したときの処理などのイベントを定義した書類
機能一覧	どの画面でどのような機能があるかの一覧
帳票定義書	どの画面からどの帳票が出力されるのかを定義した書類
データベース定義書	テーブル名やカラム名、データの型や長さなどを定義した書類

図　画面遷移図の例

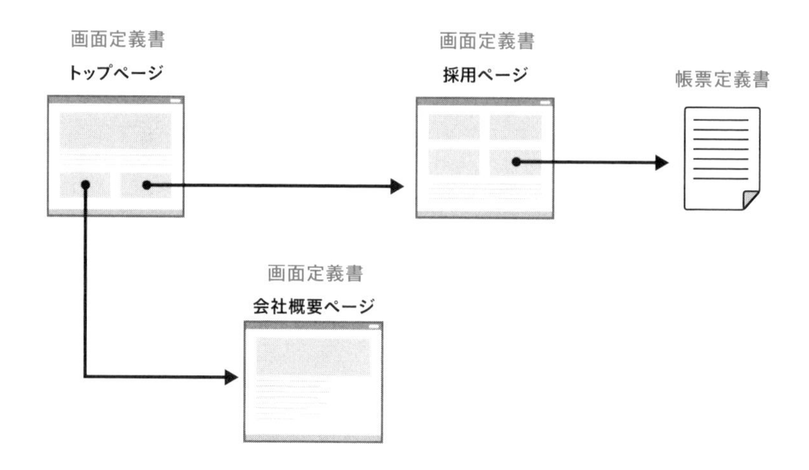

詳細設計

詳細設計は基本設計で定義した画面や帳票に必要な機能をどう作るかを決める工程です。機能の内部処理を決める工程なので内部設計と呼ばれることもあります。基本設計で決めたことをより具体的にプログラムのレベルまで落とし込んでいきます。基本設計は誰でもわかるように書きますが、詳細設計はエンジニア向けのドキュメントであるためプログラムやデータベースに関する専門用語が頻出します。

専門的な開発言語やデータベースの知識がなくては作成できないので、外部に開発を委託する場合は委託側が作成することはほとんどありません。

表 詳細設計の成果物の例

成果物	説明
機能詳細	機能ごとに必要な内部処理を記述
画面詳細	フォームの入力規則を定義し、エラー処理、チェック処理などを記述
帳票詳細	帳票への入力データと、帳票として出力されるデータ形式やレイアウトを定義

開発

詳細設計を基に、基本設計で決めた仕様を満たすようにシステムを開発していきます。一般的には最も工数を要する工程です。

チーム開発で開発する場合は**コーディング規約**と呼ばれるプロジェクトや会社単位で決めた開発する上でのルールを用意し、開発者はその規約に沿って開発することが一般的です。開発ルールを決めておくことで、不具合の起きやすいコードや開発者ごとの差異を減らせます。委託側がコーディング規約を作ることはありませんが、こういうルールによって複数人で開発しても統一された記述で見やすく、わかりやすいコードとなり、コードの保守性が向上されていることを知っておきましょう。

開発工程を外部に委託する場合は、委託側が直接開発をすることは基本的にはありませんが、仕様の考慮漏れや問題が発覚したときは要件定義や基本設計の見直しが発生することはあります。そのような状況では、委託側が迅速に対応して開発者をサポートすることが重要です。

▶開発の役割分担

外注する場合は、開発に一切関わらなくていいんですか?

外注している場合、システム開発は委託先で完結するケースが多いね。

この開発工程はゆっくりできそうですね。

いやいや、作業は委託先に任せているかもしれないけど、ちゃんとスケジュール通りに進んでいるか常に把握し、課題管理も行わないといけない。もし仕様の考慮漏れが発覚した場合は、すぐに設計を見直すなど委託先と二人三脚で進める必要があるよ。

そ、そうですよね……

一切関わらない工程はないと思っていてね。役割や担当は決まっていても、開発を含むすべての工程において意識し、理解を深めていくことが大切だね。

テスト

テストは、開発したプログラムが期待通りに動作するか、要件を満たしているかを検証する工程です。テストの工程には単体テスト（ユニットテスト）、結合テスト、総合テスト（システムテスト）があり、それぞれ対象とする範囲が異なります。また、外部に開発を委託した場合は委託側が受入テストを行います。

表 各テストの対象範囲

テスト工程	対象範囲
単体テスト	画面や機能ごとに分けて、動作の検証を行う
結合テスト	他システムとの連携や複数の機能を連携させて、動作の検証を行う
総合テスト	本番に近いデータを使用し、本運用を想定してシステム全体の動作を検証する
受入テスト	納品前の最後のテスト工程で、委託側が委託したシステムが仕様書の通りに完成しており、不備がないことを確認する

5.5 納品と検収

テストが完了してシステムが正しく開発されていることを確認できれば、あとはシステムの納品と検収を済ませて、システム開発の委託は完了となります。

納品

これまでの工程で作成した成果物を**納品**してもらいます。一般的には要件定義書、基本設計書、詳細設計書、プログラム一式、テスト仕様書、テスト結果一式などが対象です。また、納品方法についても事前に決めておきましょう。CD・DVDに保存、クラウドストレージにアップロードなどの方法があります。納品物と納品方法があいまいだとトラブルの原因にもなりかねませんので、必ず事前に確認し、見積書・注文書・契約書などに明記しておいてもらうことが大切です。

検収

納品物一式に漏れや問題がないことを検査し、受領した旨を委託企業に意思表示することを**検収**と呼びます。受託側が作成した検収書に委託側が捺印をして提出し、受託側の業務が完了したことを表します。納品後、いつまでも検収をせずに支払いを延ばされるのを防ぐために、検収期日を定めていることが一般的です。納品後は速やかに検収を行い、検収が完了したら受託側が発行した請求書をもとに延滞のないように支払いをしましょう。

要件書
基本設計書
詳細設計書
プログラム一式
テスト仕様書
テスト結果
IT担当者
営業
CD・DVD
DATA
CLOUD
DATA
納品

おわりに

IT担当者として必要な基礎知識について本書で解説してきましたが、いかがだったでしょうか。パソコンだけでなく、ネットワークやサーバー、セキュリティ、業務システムと、想像以上にさまざまな分野の知識が必要になり、驚いている方もいらっしゃるかもしれません。しかし、いずれも会社を支えるために必要な仕事で、会社の規模が大きくなればなるほどIT担当者の業務負荷も責任も大きくなります。

零細企業や中小企業では、IT担当者は総務など他の業務と兼務で任せられることも多いですが、ある程度の規模の会社になるとやはり情報システム部など専任メンバーが複数名所属する組織が必要です。そのような組織を今後立ち上げるために、IT担当者として未経験からキャリアを積んでいくのか、あるいは経験者を採用するのか、経営陣と相談して検討すべきです。もしIT担当者としてステップアップしていきたいのであれば、本書で紹介した参考図書等に目を通して、各分野の知識を深堀りしていきましょう。ITは進歩が速い分野であり、トレンドもどんどん変化していくため、常に学び続ける姿勢が重要です。

今やITは会社にはなくてはならない存在であり、生産性や働き方にも大きく影響します。社会情勢の変化が速い現代において、ITの重要性はこれからも高まっていくでしょう。IT担当者のプレッシャーは大きいかもしれませんが、同時にやりがいも大きい仕事です。会社が今後どのように成長するかは、IT担当者の腕にかかっていると言っても過言ではないでしょう。

本書がIT担当者を目指す方の第一歩や、IT担当者の必要性を感じている経営者の参考になれば幸いです。

さくいん index

数字

A-E

E-H

I-M

L-P

N-P

R-T

V-W

さくいん index

基礎からのプログラミングリテラシー

［コンピュータのしくみから技術書の選び方まで厳選キーワードをくらべて学ぶ！］

増井 敏克 著
定価（本体価格1,880円＋税）
ISBN978-4-297-10514-3

いざ、Webで人気の講座を受講してみたり、店頭で平積みになっているベストセラープログラミング書籍を手にしたものの、どれも理解できずに挫折してしまった、という方も多いのではないでしょうか。
コンピュータやプログラミングの解説がわからないのは、次のような知識の不足が要因です。

1. コンピュータのしくみがわからない
2. プログラミングのしくみがわからない
3. アプリケーションが動くしくみがわからない
4. 開発スタイルやエンジニアの仕事像がわからない
5. 業界の標準やツールを知らない
6. プログラミング書籍の選び方がわからない

これらは専門書やインターネットで検索上位にくるWeb記事では前提知識として省略されることがあります。そこで、本書ではプログラミング独習者がつまずきやすい知識を厳選して取り上げ、初心者の分からなかったをサポートします。
図解を多用し、「サーバーとクライアント」、「コンパイラとインタプリタ」のように用語を比較しながら学習することで、いままで曖昧になっていた知識が整理され理解が進みます。

好評発売中！

執筆者・監修者プロフィール

【執筆】

吉田 航（よしだ わたる）

大手SIerでインフラエンジニア、Webアプリケーションエンジニアの経験を積んだ後、情シスに転向。
現在はベンチャー企業を中心に情シス/コーポレートエンジニアとして働きつつ、note等で同職種向けのアウトプットを精力的に行っている。
本書のはじめに、1章、2章、おわりにを執筆。

横山 健太（よこやま けんた）

大学卒業後、SIerに就職。大手メーカーへ常駐しシステム開発に従事。現在は、Web・インターネット業界でコーポレートIT領域の幅広い業務に携わる。その他、情シスやコーポレートエンジニアのための情報共有コミュニティ「情シスSlack」を立ち上げ、運営している。
本書の3章、4章、5章を執筆。

【監修】

増井 敏克（ますい としかつ）

増井技術士事務所代表。技術士（情報工学部門）。情報処理技術者試験にも多数合格。ビジネス数学検定1級。
著書に『基礎からのプログラミングリテラシー』（技術評論社）、『IT用語図鑑』『プログラマ脳を鍛える数学パズル』『図解まるわかりセキュリティのしくみ』（以上、翔泳社）、『プログラミング言語図鑑』『ITエンジニアがときめく自動化の魔法』（以上、ソシム）などがある。

●装丁・本文デザイン … 小川純（オガワデザイン）
●イラスト ………………… 柏原昇店
●DTP …………………… 安達恵美子
●担当……………………… 高屋卓也

基礎(きそ)からの IT(アイティー)担当者(たんとうしゃ)リテラシー

2020年12月3日 初版 第1刷発行
2021年 2月25日 初版 第2刷発行

著者 吉田(よしだ) 航(わたる)、横山(よこやま) 健太(けんた)
監修 増井(ますい) 敏克(としかつ)
発行者 片岡 巌
発行所 株式会社技術評論社
東京都新宿区市谷左内町21-13
電話03-3513-6150 販売促進部
03-3513-6177 雑誌編集部
印刷／製本 昭和情報プロセス株式会社

ISBN978-4-297-11720-7 C3055
Printed in Japan

●お問い合わせについて

本書に関するご質問は記載内容についてのみとさせていただきます。本書の内容以外のご質問には一切応じられませんので、あらかじめご了承ください。なお、お電話でのご質問は受け付けておりませんので、書面またはFAX、弊社Webサイトのお問い合わせフォームをご利用ください。

〒162-0846
東京都新宿区市谷左内町21-13
株式会社技術評論社
『基礎からのIT担当者リテラシー』係
FAX 03-3513-6173
URL https://gihyo.jp

ご質問の際に記載いただいた個人情報は回答以外の目的に使用することはありません。使用後は速やかに個人情報を廃棄します。